土木建筑大类专业系列新形态教材

建筑设备综合图集

张娅玲 ▣ 主　编
鲍东杰　相里梅琴 ▣ 副主编

清华大学出版社
北京

内容简介

本书图纸选取简单或中等难度的工程实例，包括高层住宅给排水施工图、专业教学楼给排水施工图（地上）、专业教学楼人防地下室给排水施工图（含人防）、生活及消防泵房给排水施工图、高层住宅通风排烟施工图（含地下室）、综合楼暖通施工图、专业教学楼人防地下室通风施工图（平时）、专业教学楼人防地下室通风施工图（战时）、法院办公楼空调施工图、空调冷冻机房施工图等内容，其目的是让读者看懂施工图，为以后从事工程施工管理、施工组织、项目咨询和工程设计奠定基础，帮助相关专业学生在掌握专业知识的同时，学会运用规范解决工程实际问题。

本书可作为高职院校建筑设备类专业（建筑设备工程技术专业、供热通风与空调工程技术专业、给排水工程技术专业、制冷与空调工程技术专业）的教材和参考书，也可以作为施工现场建筑类相关专业人员的指导用书和实用手册。

图书在版编目（CIP）数据

建筑设备综合图集 / 张娅玲主编 . — 北京：清华大学出版社，2023.4
土木建筑大类专业系列新形态教材
ISBN 978-7-302-58010-2

Ⅰ. ①建… Ⅱ. ①张… Ⅲ. ①房屋建筑设备－高等职业教育－教学参考资料 Ⅳ. ① TU8

中国版本图书馆 CIP 数据核字 (2021) 第 070838 号

责任编辑：杜　晓
封面设计：曹　来
责任校对：李　梅
责任印制：刘海龙

出版发行：清华大学出版社
网　　址：http://www.tup.com.cn，http://www.wqbook.com
地　　址：北京清华大学学研大厦 A 座　　**邮　　编**：100084
社 总 机：010-83470000　　**邮　　购**：010-62786544
投稿与读者服务：010-62776969，c-service@tup.tsinghua.edu.cn
质量反馈：010-62772015，zhiliang@tup.tsinghua.edu.cn
课件下载：http://www.tup.com.cn，010-83470410
印 装 者：三河市人民印务有限公司
经　　销：全国新华书店
开　　本：370mm×260mm　　**印　　张**：8.5
版　　次：2023 年 5 月第 1 版　　**印　　次**：2023 年 5 月第 1 次印刷
定　　价：45.00 元

产品编号：092075-01

前　　言

施工图是工程师的语言。施工图识读是工程技术人员的一项基本能力，是土建类专业学生必须掌握的基本技能，是建筑设备类专业学生必修的专业课程。

本书根据设计院施工图，并参照国家现行规范、标准编写，适合高职高专学生进行建筑设备施工图识读训练。

书中图集全部基于工程实例，在内容及编排上具有以下特点。

(1) 本书内容围绕设计本质、教学目标，选取具有代表性的、难度在简单及中等的工程项目。项目均为设计院通过专家审图的实际工程，多数项目已经完工并投入使用。

(2) 所有施工图均沿用最新规范和标准，使学生或相关技术人员掌握专业知识，能正确运用规范解决工程实际问题。

(3) 本书注重实用性，选取不同类型建筑的给排水、通风空调施工图，既利于采用项目化教学，满足课堂教学需求，也可用于实训教学或供学生课下学习使用，同时还可作为建设工程相关人员进行岗位培训的教材和学习用图。

(4) 本书强调可读性，所选图纸包括住宅、办公楼、综合楼、人防地下室等建筑的给排水、通风空调施工图，还有水泵房和空调冷冻机房图纸，同时考虑各种不同类型系统的完整性与互补性，难度与深度适中。

全书共收录10套工程图纸，包括高层住宅给排水施工图、专业教学楼给排水施工图、专业教学楼人防地下室给排水施工图、生活及消防泵房给排水施工图、高层住宅通风排烟施工图、综合楼暖通施工图、专业教学楼人防地下室平时通风施工图和战时通风施工图、法院办公楼空调施工图、空调冷冻机房施工图。

本书由江苏城乡建设职业学院张娅玲担任主编，河北科技工程职业技术大学鲍东杰和江苏建筑职业技术学院相里梅琴担任副主编。江苏远瀚设计研究院宋丽霞高级工程师、卢方工程师，常州建筑设计研究院冯彬高级工程师都对本图集的编写提供了作品和帮助，在此一并感谢他们的大力支持。

为了让学生的学习和训练更贴近工作实际，本图集采用了原始的工程设计图，不足之处在所难免，恳请广大读者批评指正。

编　者

2023年1月

目 录

一、高层住宅给排水施工图

给排水设计与施工说明

一、设计说明

(一) 工程概况

1. 工程名称：某国际花园4号住宅楼。

2. 工程地点：禹湖路以南，纬一路以北，经一路以东，经二路以西。

3. 工程规模：地上建筑面积 25132.65m²，地下建筑面积963m²。层数：地上30层，建筑总高度 87.3m。

(二) 设计依据

1. 建设单位提供的本工程有关资料和设计任务书。

2. 建筑和有关工种提供的作业图和有关资料。

3. 国家现行有关给水、排水、消防和卫生等设计规范及规程。

(1)《建筑给水排水设计标准》 GB 50015—2019

(2)《建筑灭火器配置设计规范》 GB 50140—2005

(3)《自动喷水灭火系统设计规范》 GB 50084—2017

(4)《建筑设计防火规范》 GB 50016—2014（2018年版）

(5)《住宅设计标准》 DGJ 32/J 26 —2017

(三) 设计范围

本工程设有生活给水系统、生活污水系统、消火栓给水系统、灭火器配置系统、自动喷水灭火系统、雨水排水系统、空调凝水排水系统。

1. 生活给水系统

1) 市政给水管网供水压力为 0.25MPa。

2) 给水系统分区：

(1) 五层及五层以下部分由室外市政给水管网直接供给；

(2) 六层至十二层住宅由小区变频加压Ⅰ区泵供水；

(3) 十三层至十八层住宅由小区变频加压Ⅱ区泵供水；

(4) 十九层至二十四层住宅由屋顶生活水箱减压供给；

(5) 二十五层至三十层住宅由屋顶生活水箱直接供给。

3) 本工程加压泵房在地下室统一设置。每个单元屋顶设 3.5m³ 生活水箱一个。

4) 每户住宅设一个口径为 DN20 旋翼式水表，集中设在管道井内。

2. 生活污水系统

1) 本工程污、废水采用合流制。

室内 ±0.000 以上污废水重力自流排入室外污水管，地下室污废水采用潜水排污泵提升至室外污水管。

2) 污水经室外污水管收集后，集中排入市政污水管。

3) 卫生间设专用通气管;每隔两层设结合通气管与污水立管相连;厨房不设专用通气立管，仅设伸顶通气管。

3. 雨水排水系统

1) 屋面雨水采用87 型雨水斗或侧入式雨水斗。

2) 室外地面雨水经雨水口，由室外雨水管汇集，排至市政雨水管。

4. 消火栓给水系统

1) 本工程为三十层普通住宅。

2) 消火栓系统分两个区，地下层接自地下室消火栓加压管网低区，一层及以上接自地下室消火栓加压管网高区，按一类高层住宅进行消防给水设计。

3) 室外消防用水量为 15L/s，火灾延续时间为2h；室内消防水量为20L/s，火灾延续时间为 2h，每根竖管最小流量为10L/s，每支水枪最小流量为 5L/s，消火栓水枪充实水柱不应小于10mH₂O。

4) 火灾初期消防水箱设置在 2#房屋顶，水箱有效容积为18m³，采用箱泵一体化消防增压稳压给水设备。设备型号为WHDXBF-18-18-30-Ⅰ，室外消防水量由市政给水设置室外消火栓解决。

5) 为保证消火栓栓口出水压力不超过 0.5MPa，地下层至二十四层所有消火栓均采用减压稳压消火栓。

6) 室内消火栓均采用 SG16B65Z-J（单栓），做法参照 04S202/15。

箱体均为钢、铝合金制作，磨砂玻璃门，暗装（见平面图）箱内配 DN65 消火栓，25m 衬胶水带，φ19mm 消防水枪，栓下短管为 DN65，离地 0.7~0.8m，屋顶试验消火栓参照15S202-54。

7) 室外设两套地上式消防水泵结合器的供水管，分别与高区消火栓给水管网相连。

5. 自动喷水灭火系统

1) 设置范围：地下室自行车库。

2) 危险等级：地下室车库为中危险Ⅱ级，灭火用水量为30L/s，喷水强度为 8L/(min·m²)，火灾延续时间为1h。

3) 系统组成：本工程火灾初期消防用水由设在屋顶的消防水箱提供，水箱有效容积为 18m³。室内喷淋用水全部存于地下室消防水池，容积为 324m³。系统每个报警阀组供给的最高与最低位置喷头高程差小于 50m。每个报警的最不利点处，设末端试水装置。其他每个水流指示器所带的最不利点处均设 DN25 的试水阀。

4) 水流指示器采用 VSR-F 型，水流指示器前采用信号闸阀，距离电磁信号阀为 0.30m。

5) 喷头选用：本工程选用68℃ 的玻璃球喷头［红色，直立型喷头（K=80）］。

6) 室外设两套地上式水泵结合器，与自动喷水泵出水管相连（另参见水泵房图纸）。

6. 灭火器配置系统

本工程为 A 类固体火灾，火灾危险等级为轻危险级，采用 3kg 装磷酸铵盐干粉灭火器MF/ABC3，在图示位置处设置灭火器两具。

7. 所有消防器材与设备需经消防部门认可核实后才能施工，施工按国家有关规范执行。

二、施工说明

(一) 管材

1. 生活给水管材

1) 给水主管采用内筋嵌入式衬塑钢管，DN50及以下管径采用丝扣连接，DN50 以上管径采用卡箍连接；采用公称压力不低于1.6MPa的管材和管件；室内给水支管采用 PP-R 给水塑料管，冷水管材和管件的公称压力不低于1.0MPa。

2) 塑料管道与金属管件、阀门的连接应使用专用管件连接，不得在管道上套丝。

3) 生活给水管所标管径DN 指公称直径，与塑料管公称外径的对应关系如下表所示。

公称直径（mm）	DN15	DN20	DN25	DN32	DN40	DN50	DN70	DN80	DN100
公称外径（mm）	De20	De25	De32	De40	De50	De63	De80	De90	De110

2. 消防给水管材

1) 消火栓给水管道采用热浸镀锌钢管，DN80 及以下管径采用螺纹连接，DN100 及以上采用沟槽连接，阀门及需拆卸部位采用法兰连接，管道压力等级为1.6MPa。

2) 自动喷水管采用热浸镀锌钢管，丝扣或沟槽式机械接口，管道压力等级为1.6MPa。

3. 排水管材

1) 室内排水立管采用 PVC-U螺旋消声塑料排水管，排水出户管横干管支管采用PVC-U 塑料管，粘结。

2) 室外雨水立管、空调凝水管采用PVC-U 抗紫外线塑料排水管，粘结。

(二) 阀门、卫生洁具及附件

1. 生活给水阀门：管径小于 50mm时，采用截止阀；管径大于等于 50mm时，采用对夹式蝶阀。

2. 消防给水管道：消防管上采用球墨铸铁闸阀或带锁的双向型蝶阀，管道耐压不小于 1.6MPa。自动喷水灭火系统报警阀（设地下室车库）和水流指示器之前的阀门采用电信号阀，耐压不小于1.6MPa，且所有阀门应有明显的启闭标志。

3. 止回阀：除生活给水泵、消防水泵出水管上均安装防水锤消声止回阀，其他部位均为普通止回阀。

4. 减压阀：生活给水系统及消火栓给水系统上均采用可调先导式减压阀，安装减压阀前全部管道须冲洗干净。

5. 卫生间采用铝合金或铜防返溢地漏，洗衣机采用洗衣机专用带插口地漏，地漏水封高度不小于50mm。

卫生间采用带两档式冲水的 6L 水箱坐便器排水系统。

其他给水配件和洁具选用执行标准《节水型生活用水器具》（CJ/T 164-2014）。

(三) 管道敷设

1. 生活给水支管户内采用明装，公共部位暗设于管井内。

2. 给水立管穿楼板时，应设套管。安装在楼板内的套管，其顶部应高出装饰地面20mm；安装在卫生间及厨房内的套管，其顶部应高出装饰地面 50mm，底部应与楼板底面相平；套管与管道之间缝隙应用阻燃密实材料和防水油膏填实，端面光滑。

3. 排水管穿楼板应预留孔洞，管道安装完后将孔洞严密捣实，立管周围应设高出楼板面设计标高 10~20mm 的阻水圈。

4. 管道穿钢筋混凝土墙和楼板、梁时，应根据图中所注管道标高、位置配合土建工种预留孔洞或预埋套管。

5. 管道坡度：

1) 排水管道除图中注明者外，均按下列坡度安装：

管径（mm）	DN50	DN75	DN100	DN150
污水、废水管标准坡度	0.035	0.025	0.02	0.01
雨水管标准坡度	—	—	0.02	0.01

2) 给水管、消防给水管均按 0.002 的坡度坡向立管或泄水装置，且最高点设自动排气阀。

6. 管道连接：

1) 排水管道弯头均采用带检修门的弯头。

2) 污水横管与横管的连接不得采用正三通和正四通。

3) 污水立管偏置时，应采用乙字管或两个 45°弯头。

4) 污水立管与横管及排出管连接时，采用两个 45°弯头，且立管底部弯管处应设支墩。

5) 自动喷水灭火系统管道变径时，应采用异径管连接，不得采用补芯。

6) 阀门安装时应将手柄留在易于操作处。暗装在管井、吊顶内的管道，凡设阀门及检查口处均应设检修门。

7. 管道支架：

1) 管道支架或管卡应固定在楼板上或承重结构上。

2) 钢管水平安装支架间距，按《建筑给水排水及采暖工程施工质量验收规范》（GB 50242—2002）之规定施工。

3) 立管每 2m 垂直距离设置一个固定管卡，底部拐弯处设支墩或采取牢固的固定装置。

4) 自动喷水管道的吊架与喷头之间的距离应不小于 300mm，距末端喷头距离不大于 750mm，吊架应位于相邻喷头间的管段上，当喷头间距不大于 3.6m 时，可设一个，小于 1.8m 时，允许隔断设置。

8. 排水立管检查口距离地面或楼板面 1.0m。消火栓栓口距地面或楼板面 1.1m。

(四) 管道设备保温及防腐

1. 所有室外明露的给水管道均需做防冻保温，室内给排水横管及消防、喷淋横管均需做防结露保温。

2. 室内保温材料采用橡塑管壳，防结露给水管保温厚度为15mm；保护层采用玻璃布缠绕。室外防冻保温采用聚氯乙烯双合管，保温层厚度为 50mm，外包镀锌铁皮保护。

3. 保温应在完成试压合格及除锈防腐处理后进行。在涂刷底漆前，应清除表面的灰尘、污垢、锈斑、焊渣等物。涂刷油漆厚度应均匀，不得有脱皮、起泡、流淌和漏涂现象。

4. 消火栓管刷樟丹漆两道，红色调和漆两道。自动喷水管刷樟丹漆两道，红色黄环调和漆两道。

5. 管道支架除锈后刷樟漆丹两道，灰色调和漆两道。

(五) 管道试压

1. 生活给水泵出水管试验压力为 1.3MPa，其余给水管试验压力为1.0MPa。

2. 消火栓给水管道的试验压力为 1.4MPa，保持 2h 无明显渗漏为合格。

3. 自动喷水管道的试验压力为1.4MPa，试压方法应按《自动喷水灭火系统设计规范》（GB 50084—2017）规定进行

4. 室内雨水管注水至最上部雨水斗，持续 1h 后以液面不下降为合格。

(六) 其他

1. 图中所注尺寸除管长、标高以m计外，其余以 mm 计。

2. 本图所注管道标高：给水、热水、消防、压力排水管等压力管指管中心；污水、废水、雨水、溢水、泄水管等重力流管道和无水流的通气管指管内底。

3. 本设计施工说明与图纸具有同等效力，二者有矛盾时，业主及施工单位应及时提出，并以设计单位解释为准。

4. 施工中应与土建公司和其他专业公司密切合作，合理安排施工进度，及时预留孔洞和套管，以防碰撞和返工。除本设计说明外，施工中还应遵守《建筑给水排水及采暖工程施工质量验收规范》（GB 50242—2002）。

5. 卫生洁具角阀距地面安装高度如下表所示。

洗脸盆	450mm	厨房洗槽	550mm
坐式大便器	250mm	浴缸龙头	650mm
淋浴器	1150mm	洗衣机龙头	1200mm

图纸目录

序号	图号		内容	图幅	版本
1	水施	1/15	给排水设计与施工说明 图例 图纸目录 设计选用标准图集	A1	1
2	水施	2/15	消防管道系统原理图（一） 给水管道系统原理图（一） 雨水、凝水管道系统原理图（一）	A1	1
3	水施	3/15	消防管道系统原理图（二） 给水管道系统原理图（二） 雨水、凝水管道系统原理图（二）	A1	1
4	水施	4/15	生活污水管道系统原理图（一）	A1	1
5	水施	5/15	生活污水管道系统原理图（二）	A1	1
6	水施	6/15	各种户型卫生间大样图和管道轴测图	A1	1
7	水施	7/15	地下室喷淋平面图 喷淋系统原理图	A1	1
8	水施	8/15	潜水排污泵安装示意图、地下室给排水平面图 低区消火栓系统图	A1	1
9	水施	9/15	一层给排水平面图	A1	1
10	水施	10/15	二层给排水平面图	A1	1
11	水施	11/15	三～十八层给排水平面图	A1	1
12	水施	12/15	十九～二十七层给排水平面图	A1	1
13	水施	13/15	二十八层给排水平面图	A1	1
14	水施	14/15	二十九、三十层给排水平面图	A1	1
15	水施	15/15	屋顶层给排水平面图 电梯机房屋顶层平面图 水箱屋顶层平面图	A1	1

图例

序号	图例	名称
1	—J—	市政给水管
2	—J1—	变频加压Ⅰ区供水管
3	—J2—	变频加压Ⅱ区供水管
4	—J3—	变频加压Ⅲ区供水管
5	—J4—	变频加压Ⅳ区供水管
6	—ZP—	喷淋管
7	—XH1—	低区消火栓管
8	—XH2—	消火栓管
9	—W—	污水管
10	---T---	通气管
11	—Y—	雨水管
12	—KP—	空调冷凝水管
13		闸阀
14		截止阀 DN≥50
15		截止阀 DN<50
16		止回阀
17		蝶阀
18		电磁阀
19		信号阀
20		水流指示器
21		Y型过滤器
22		湿式报警阀
23		普通节水水龙头
24		浴盆花洒
25		角阀
26		自动排气阀
27		浮球阀
28		存水弯
29		检查口
30		清扫口
31		地漏
32		通气帽
33		压力表
34		金属软管
35		雨水斗
36		末端试水装置
37		干粉灭火器
		室内消火栓

设计选用标准图集

序号	图集号	图集名称
1	03S402	室内管道支架及吊架
2	04S202	室内消火栓安装
3	99S202	消防水泵接合器安装（2003 年局部修改版）
4	02S403	钢制管件
5	04S301	建筑排水设备附件构造及安装
6	09S304	卫生设备安装
7	10S406	建筑排水用硬聚氯乙烯（PVC-U）管道安装
8	03S401	管道和设备保温、防结露及电伴热
9	01SS105	常用小型仪表及特种阀门选用安装
10	09S302	雨水斗选用及安装

未来设计研究院有限公司

建筑行业甲级证书编号：A132000001

建设单位	某房地产开发有限公司	设计号	
工程名称	某国际花园4#楼	分项号	
批准	审定	版本	
项目管理人	审核	图号	水施 1/15
项目负责人	校对	比例	
专业负责人	设计	日期	

给排水设计与施工说明

图例

图纸目录

设计选用标准图集

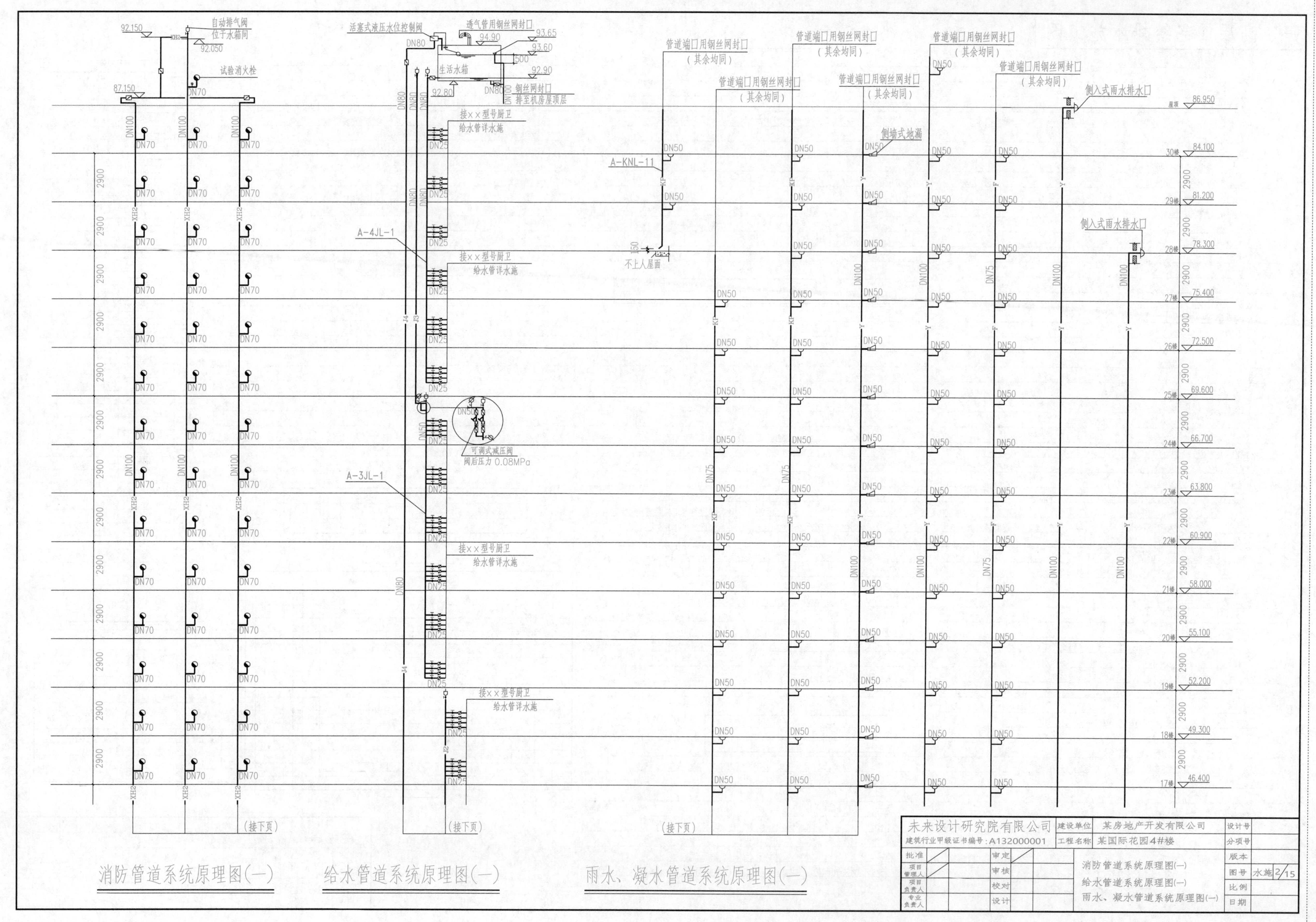

自动排气阀
位于水箱间
92.150
92.050
试验消火栓
87.150
DN70
DN100
XH2
2900
活塞式液压水位控制阀
透气管用钢丝网封口
DN80
94.90
93.65
93.60
500
92.90
生活水箱
92.80
钢丝网封口
排至机房屋顶层
接××型号厨卫
给水管详水施
DN25
DN50
J4
J3
J2
A-4JL-1
A-3JL-1
可调式减压阀
阀后压力 0.08MPa
管道端口用钢丝网封口
（其余均同）
A-KNL-11
不上人屋面
侧墙式地漏
侧入式雨水排水口
DN75
屋顶 86.950
30楼 84.100
29楼 81.200
28楼 78.300
27楼 75.400
26楼 72.500
25楼 69.600
24楼 66.700
23楼 63.800
22楼 60.900
21楼 58.000
20楼 55.100
19楼 52.200
18楼 49.300
17楼 46.400
（接下页）
消防管道系统原理图(一)
给水管道系统原理图(一)
雨水、凝水管道系统原理图(一)
未来设计研究院有限公司
建筑行业甲级证书编号：A132000001
建设单位 某房地产开发有限公司
工程名称 某国际花园4#楼
批准
项目管理人
项目负责人
专业负责人
审定
审核
校对
设计
设计号
分项号
版本
图号 水施 2/15
比例
日期

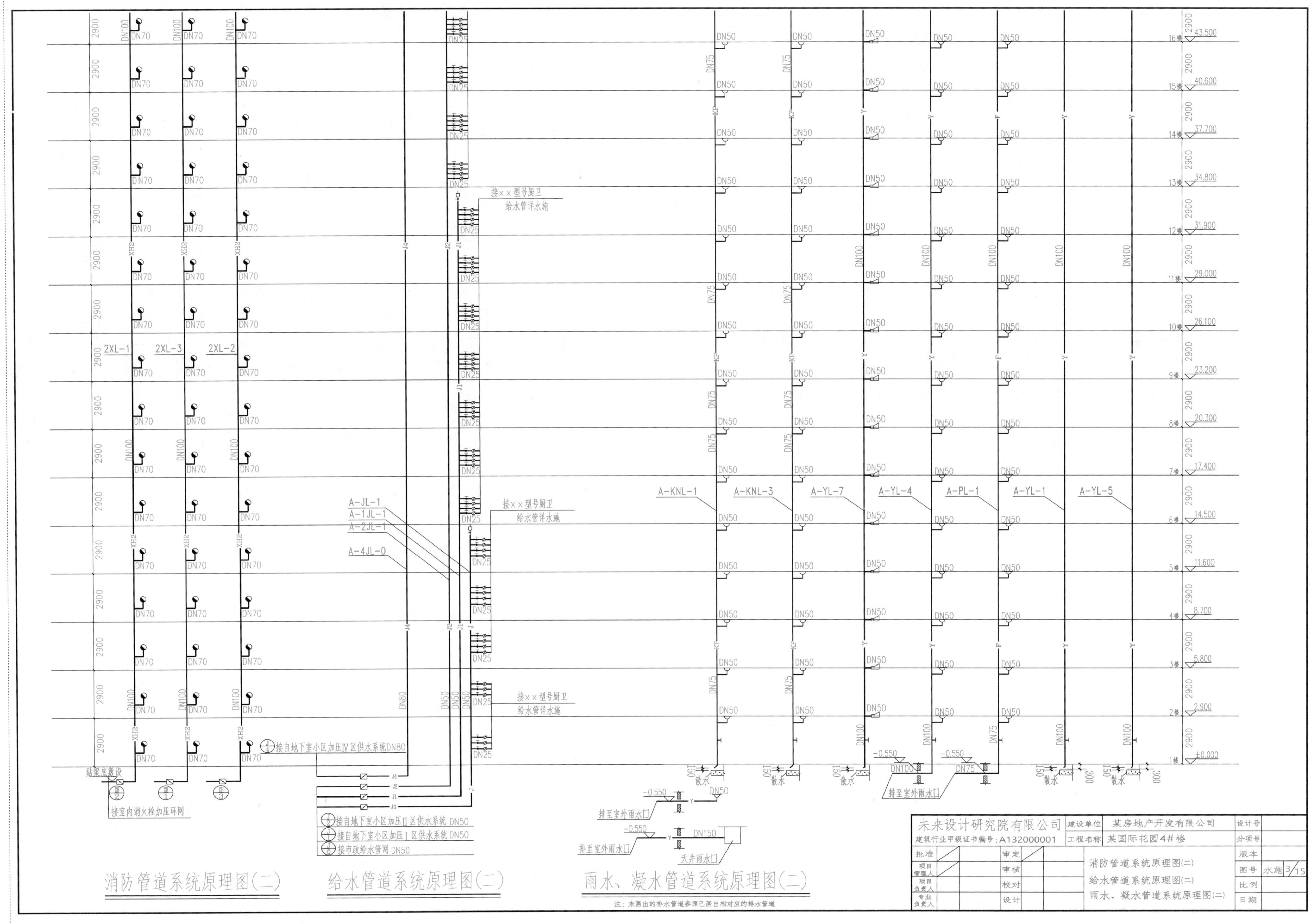

消防管道系统原理图(二)
给水管道系统原理图(二)
雨水、凝水管道系统原理图(二)
注：未画出的排水管道参照已画出相对应的排水管道
2XL-1
2XL-3
2XL-2
贴梁底敷设
接室内消火栓加压环网
A-JL-1
A-1JL-1
A-2JL-1
A-4JL-0
接××型号厨卫
给水管详水施
接自地下室小区加压Ⅳ区供水系统DN80
接自地下室小区加压Ⅱ区供水系统 DN50
接自地下室小区加压Ⅰ区供水系统 DN50
接市政给水管网 DN50
A-KNL-1
A-KNL-3
A-YL-7
A-YL-4
A-PL-1
A-YL-1
A-YL-5
排至室外雨水口
天井雨水口
散水
43.500
40.600
37.700
34.800
31.900
29.000
26.100
23.200
20.300
17.400
14.500
11.600
8.700
5.800
2.900
±0.000
-0.550
未来设计研究院有限公司
建筑行业甲级证书编号：A132000001
建设单位
某房地产开发有限公司
工程名称
某国际花园4#楼
设计号
分项号
版本
图号
水施 3/15
比例
日期
批准
审定
审核
校对
设计
项目管理人
项目负责人
专业负责人
消防管道系统原理图(二)
给水管道系统原理图(二)
雨水、凝水管道系统原理图(二)

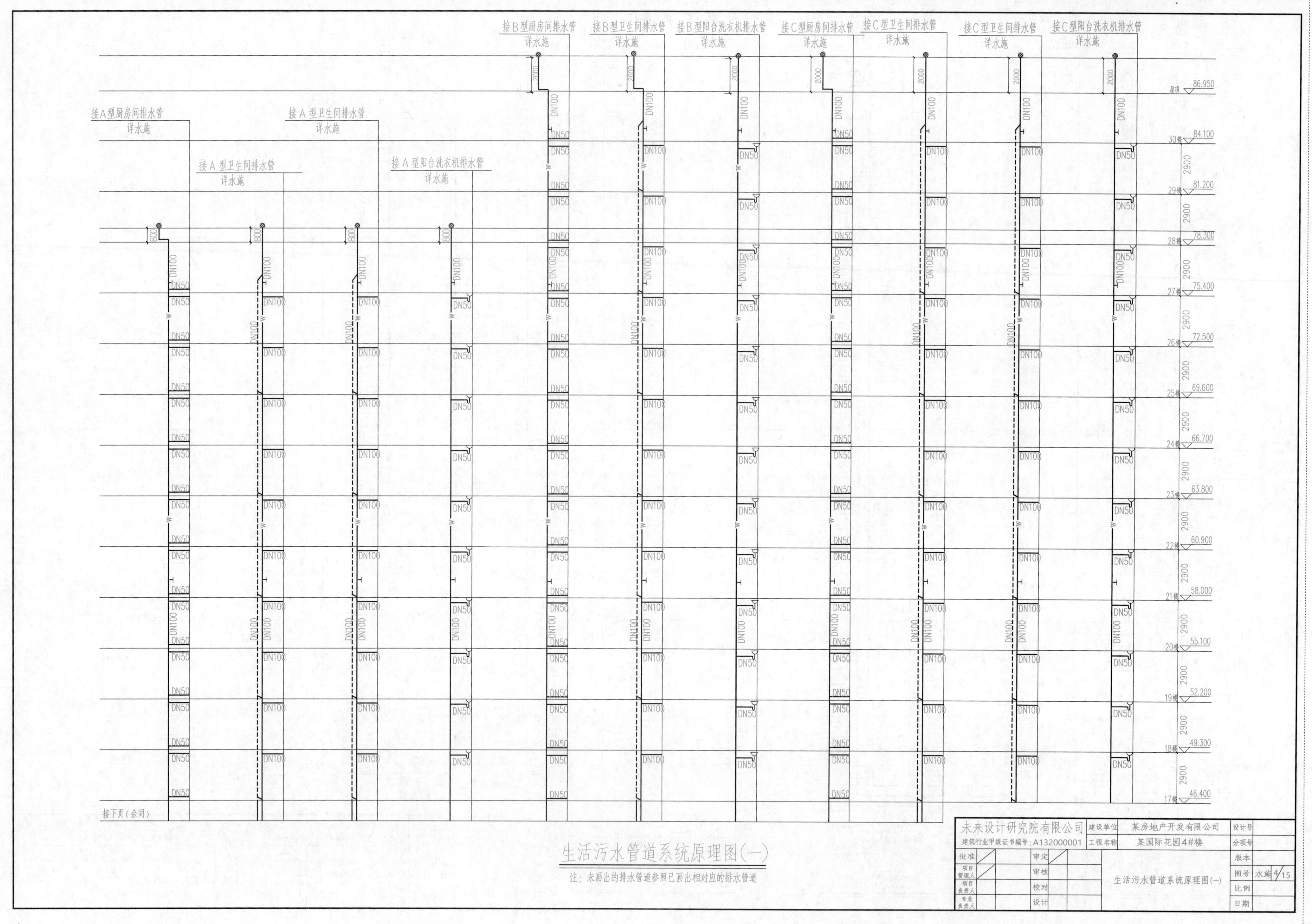

接A型厨房间排水管
详水施
接A型卫生间排水管
详水施
接A型卫生间排水管
详水施
接A型阳台洗衣机排水管
详水施
接B型厨房间排水管
详水施
接B型卫生间排水管
详水施
接B型阳台洗衣机排水管
详水施
接C型厨房间排水管
详水施
接C型卫生间排水管
详水施
接C型卫生间排水管
详水施
接C型阳台洗衣机排水管
详水施
800
2000
DN100
DN50
W
屋顶 86.950
30楼 84.100
29楼 81.200
28楼 78.300
27楼 75.400
26楼 72.500
25楼 69.600
24楼 66.700
23楼 63.800
22楼 60.900
21楼 58.000
20楼 55.100
19楼 52.200
18楼 49.300
17楼 46.400
2900
接下页（余同）
生活污水管道系统原理图(一)
注：未画出的排水管道参照已画出相对应的排水管道
未来设计研究院有限公司
建筑行业甲级证书编号：A132000001
建设单位
某房地产开发有限公司
工程名称
某国际花园4#楼
设计号
分项号
版本
图号
水施 4/15
比例
日期
批准
项目管理人
项目负责人
专业负责人
审定
审核
校对
设计
生活污水管道系统原理图(一)

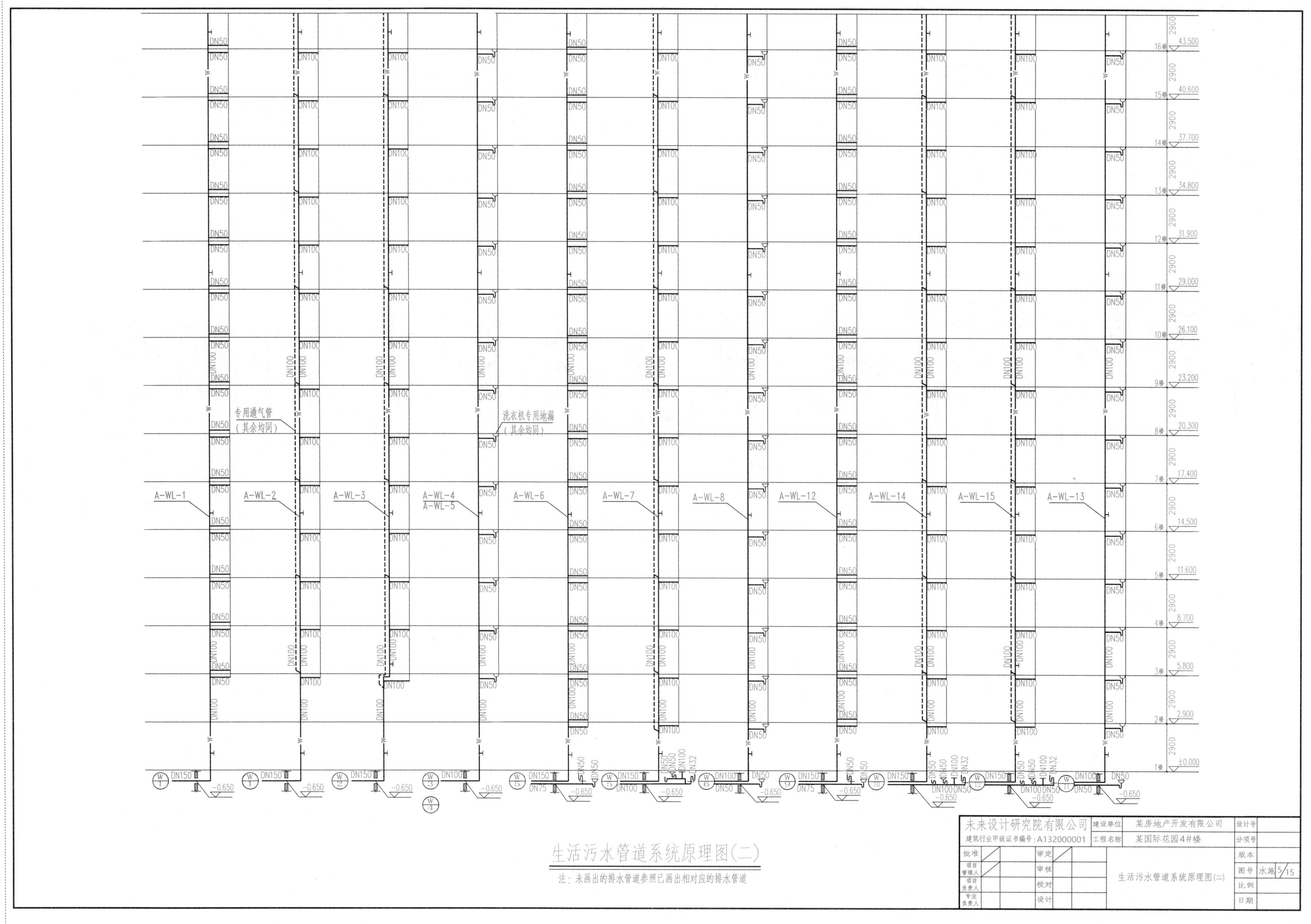
A-WL-1
A-WL-2
A-WL-3
A-WL-4
A-WL-5
A-WL-6
A-WL-7
A-WL-8
A-WL-12
A-WL-14
A-WL-15
A-WL-13
专用通气管
（其余均同）
洗衣机专用地漏
（其余均同）
生活污水管道系统原理图(二)
注：未画出的排水管道参照已画出相对应的排水管道
未来设计研究院有限公司
建筑行业甲级证书编号：A132000001
建设单位
某房地产开发有限公司
工程名称
某国际花园4#楼
批准
项目管理人
项目负责人
专业负责人
审定
审核
校对
设计
生活污水管道系统原理图(二)
设计号
分项号
版本
图号
水施5/15
比例
日期

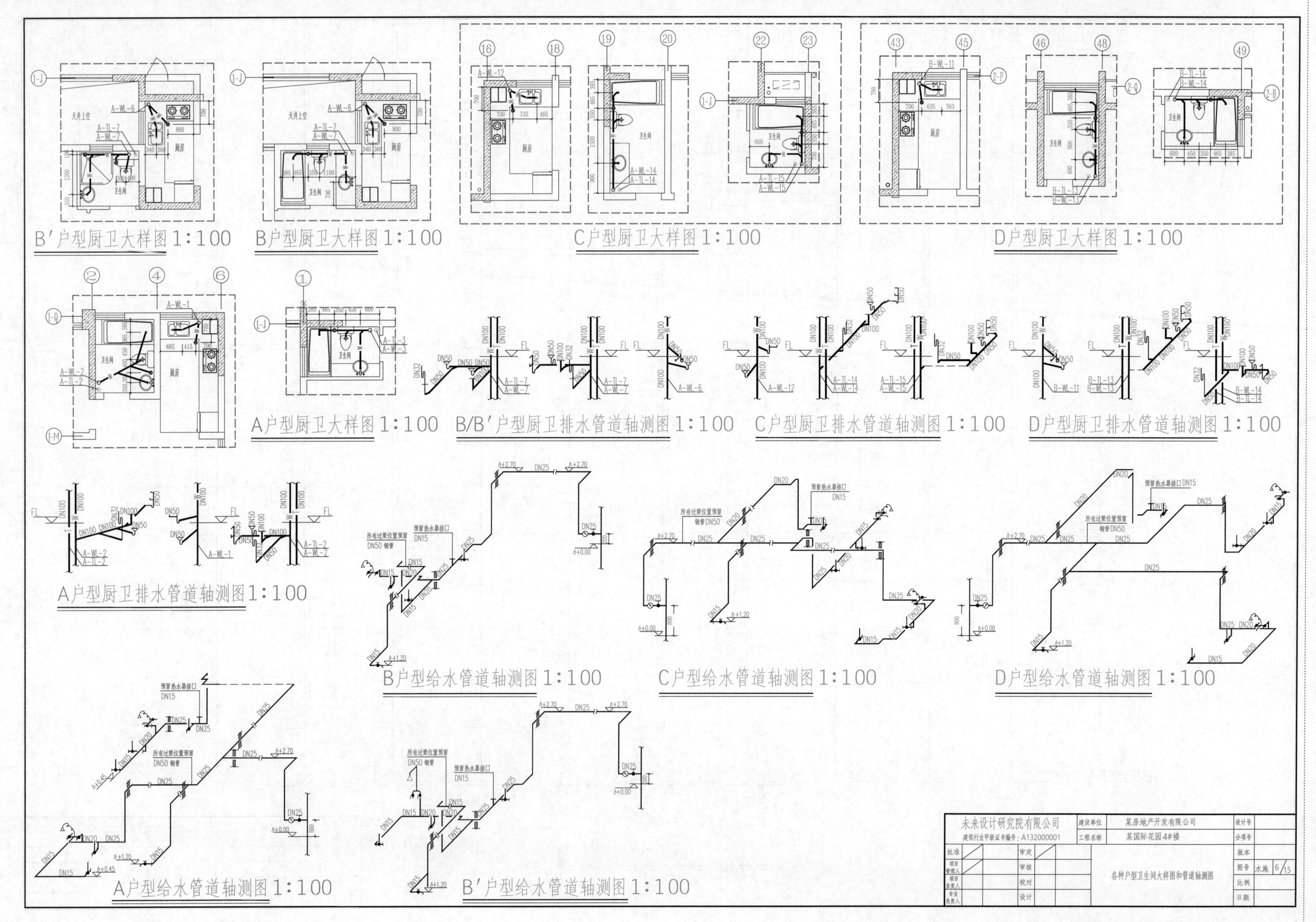
B′户型厨卫大样图 1:100
B户型厨卫大样图 1:100
C户型厨卫大样图 1:100
D户型厨卫大样图 1:100
A户型厨卫大样图 1:100
B/B′户型厨卫排水管道轴测图 1:100
C户型厨卫排水管道轴测图 1:100
D户型厨卫排水管道轴测图 1:100
A户型厨卫排水管道轴测图 1:100
B户型给水管道轴测图 1:100
C户型给水管道轴测图 1:100
D户型给水管道轴测图 1:100
A户型给水管道轴测图 1:100
B′户型给水管道轴测图 1:100
天井上空
厨房
卫生间
所有过梁位置预留
DN50 钢管
预留热水器接口
DN15
未来设计研究院有限公司
建筑行业甲级证书编号：A132000001
建设单位
某房地产开发有限公司
工程名称
某国际花园4#楼
设计号
分项号
版本
图号
水施 6/15
比例
日期
批准
项目管理人
项目负责人
专业负责人
审定
审核
校对
设计
各种户型卫生间大样图和管道轴测图

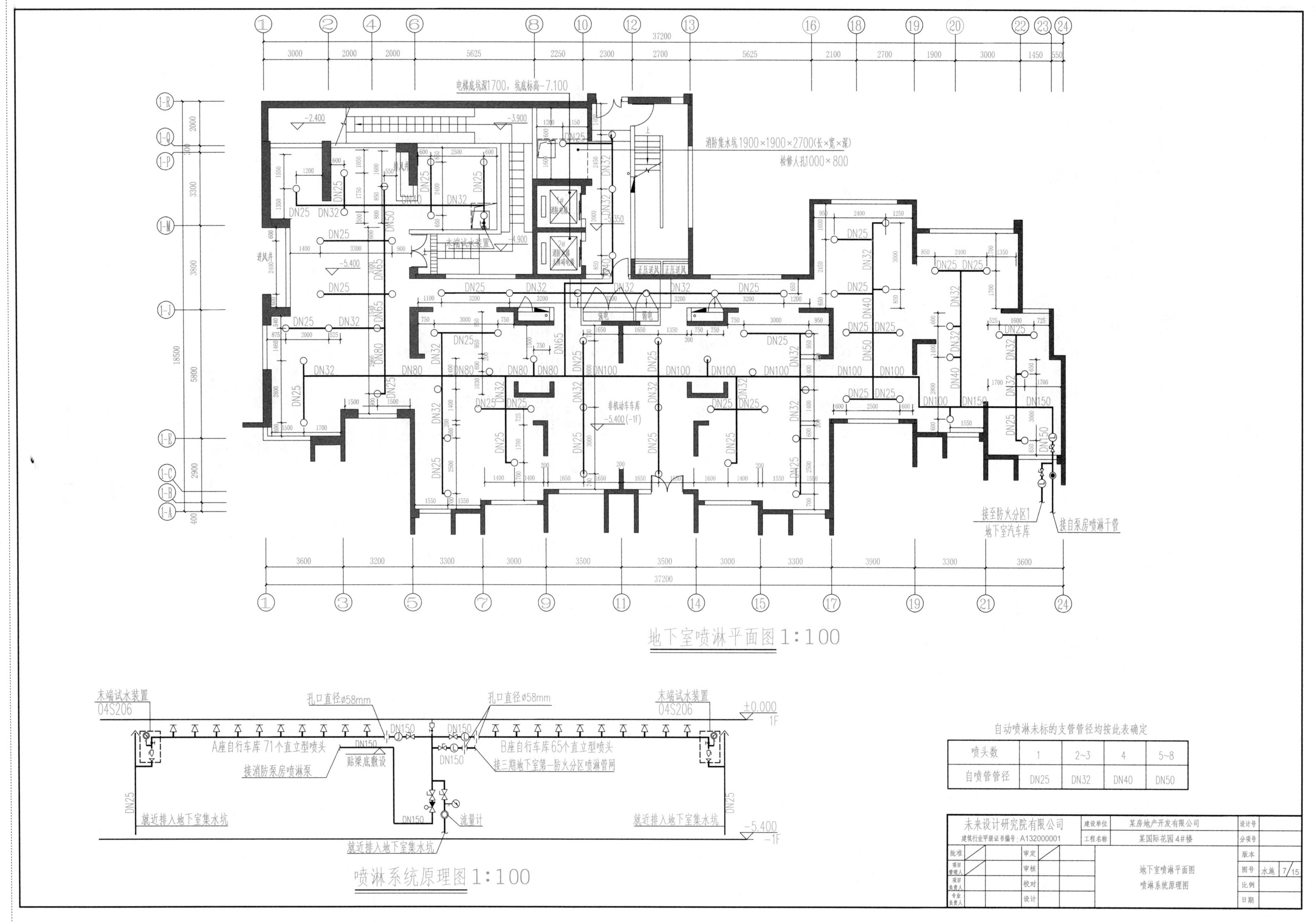

自动喷淋未标的支管管径均按此表确定

喷头数	1	2~3	4	5~8
自喷管管径	DN25	DN32	DN40	DN50

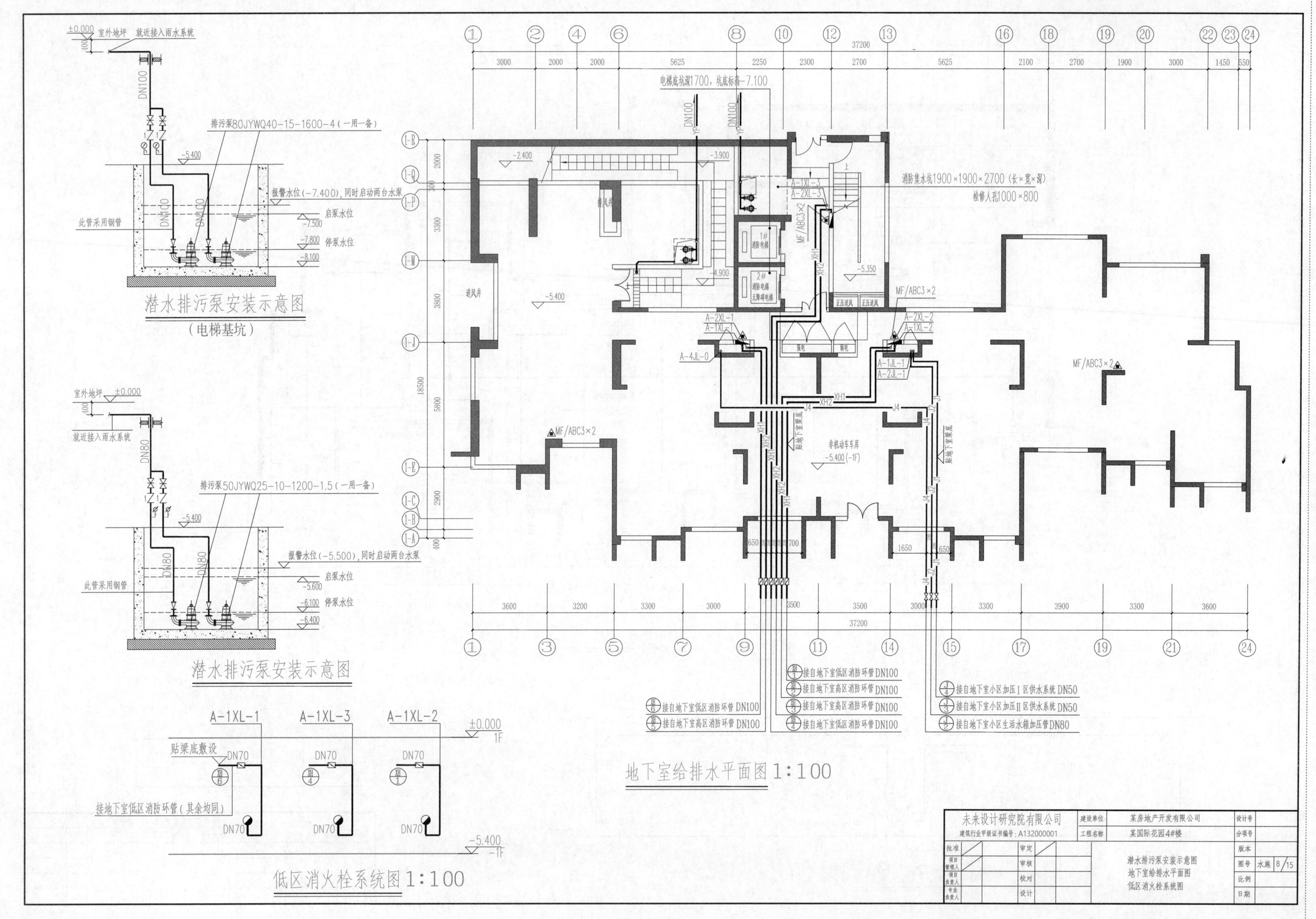
潜水排污泵安装示意图
（电梯基坑）
排污泵80JYWQ40-15-1600-4（一用一备）
报警水位（-7.400），同时启动两台水泵
启泵水位
停泵水位
此管采用钢管
室外地坪
就近接入雨水系统
潜水排污泵安装示意图
排污泵50JYWQ25-10-1200-1.5（一用一备）
报警水位（-5.500），同时启动两台水泵
低区消火栓系统图 1:100
A-1XL-1
A-1XL-3
A-1XL-2
贴梁底敷设
接地下室低区消防环管（其余均同）
地下室给排水平面图 1:100
电梯底坑深1700，坑底标高-7.100
消防集水坑1900×1900×2700（长×宽×深）
检修人孔1000×800
非机动车车库
接自地下室低区消防环管DN100
接自地下室高区消防环管DN100
接自地下室小区加压I区供水系统DN50
接自地下室小区加压II区供水系统DN50
接自地下室小区生活水箱加压管DN80
未来设计研究院有限公司
建筑行业甲级证书编号：A132000001
建设单位
某房地产开发有限公司
工程名称
某国际花园4#楼
潜水排污泵安装示意图
地下室给排水平面图
低区消火栓系统图
水施 8/15

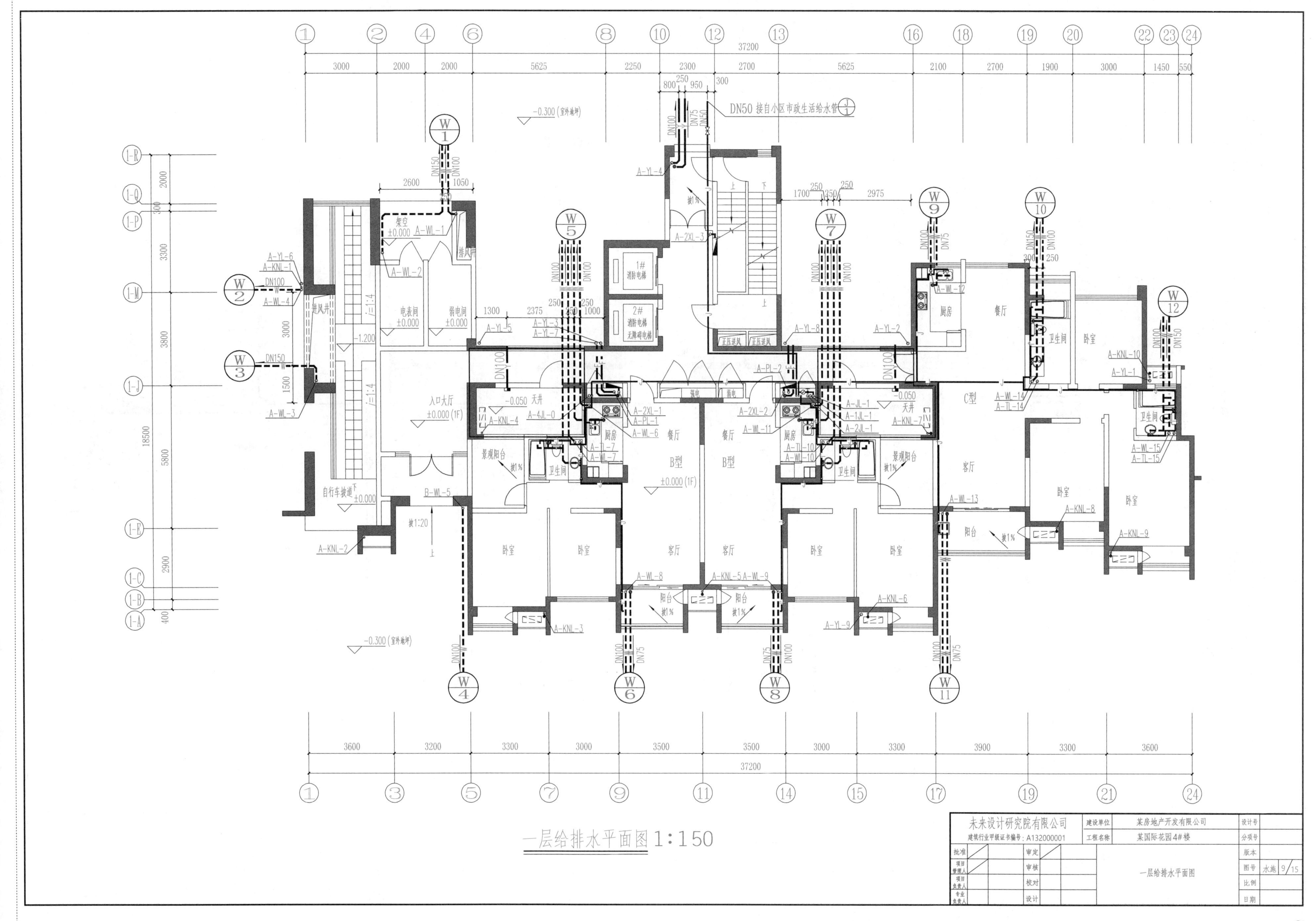
DN50 接自小区市政生活给水管
-0.300(室外地坪)
架空 ±0.000
排风井
电表间 ±0.000
弱电间 ±0.000
1# 消防电梯
2# 消防电梯 无障碍电梯
正压送风
入口大厅 ±0.000(1F)
自行车坡道 ±0.000
天井
厨房
餐厅
卫生间
景观阳台
B型 ±0.000(1F)
C型
客厅
卧室
阳台
一层给排水平面图 1:150
未来设计研究院有限公司
建筑行业甲级证书编号：A132000001
建设单位 某房地产开发有限公司
工程名称 某国际花园4#楼
批准
审定
项目管理人
审核
项目负责人
校对
专业负责人
设计
一层给排水平面图
设计号
分项号
版本
图号 水施 9/15
比例
日期

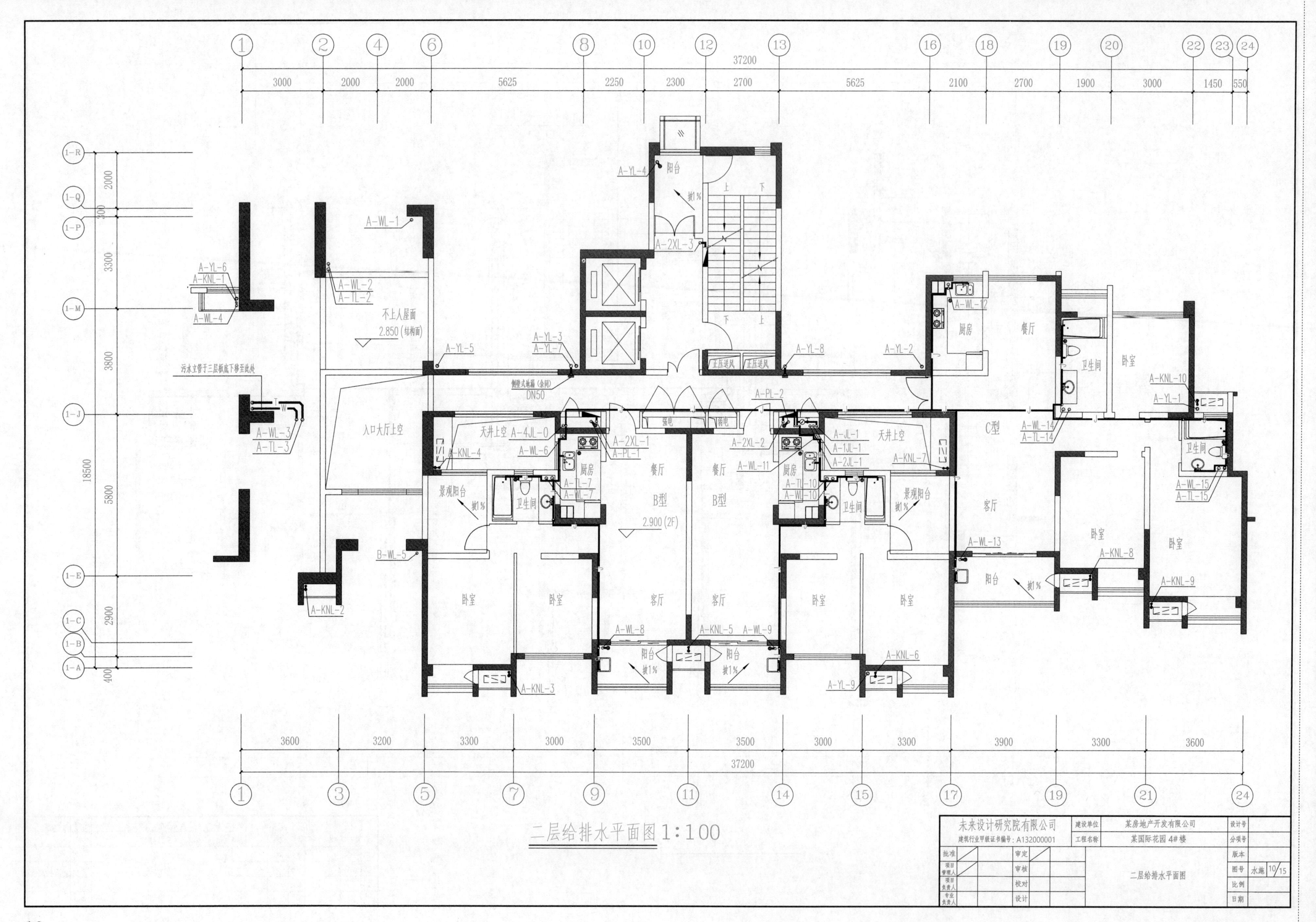

二层给排水平面图 1:100
未来设计研究院有限公司
建筑行业甲级证书编号：A132000001
建设单位
某房地产开发有限公司
工程名称
某国际花园 4#楼
二层给排水平面图
图号
水施 10/15

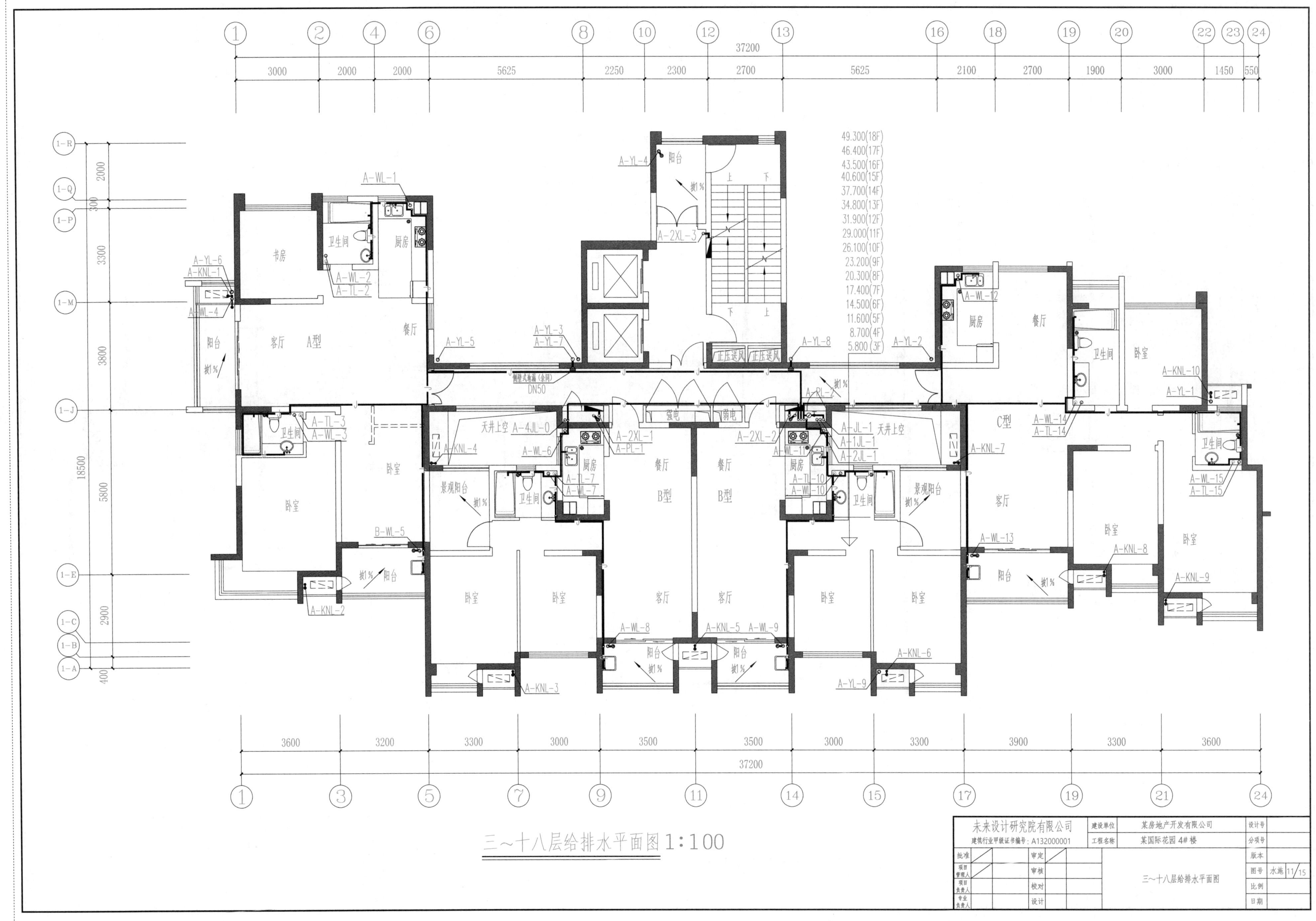
三～十八层给排水平面图 1:100
37200
3000 2000 2000 5625 2250 2300 2700 5625 2100 2700 1900 3000 1450 550
3600 3200 3300 3000 3500 3500 3000 3300 3900 3300 3600
18500
2000 300 3300 3800 5800 2900 400
49.300(18F)
46.400(17F)
43.500(16F)
40.600(15F)
37.700(14F)
34.800(13F)
31.900(12F)
29.000(11F)
26.100(10F)
23.200(9F)
20.300(8F)
17.400(7F)
14.500(6F)
11.600(5F)
8.700(4F)
5.800 (3F)
A型
B型
C型
书房
卫生间
厨房
客厅
餐厅
阳台
卧室
景观阳台
天井上空
强电
弱电
正压送风
DN50
A-WL-1
A-WL-2
A-TL-2
A-YL-6
A-KNL-1
A-WL-4
A-YL-4
A-2XL-3
A-YL-5
A-YL-3
A-YL-7
A-YL-8
A-YL-2
A-WL-12
A-KNL-10
A-YL-1
A-TL-3
A-WL-3
A-4JL-0
A-KNL-4
A-WL-6
A-2XL-1
A-PL-1
A-TL-7
A-WL-7
A-2XL-2
A-RL-2
A-JL-1
A-1JL-1
A-2JL-1
A-WL-11
A-TL-10
A-WL-10
A-KNL-7
A-WL-14
A-TL-14
A-WL-15
A-TL-15
B-WL-5
A-KNL-2
A-WL-13
A-KNL-8
A-KNL-9
A-WL-8
A-KNL-5
A-WL-9
A-KNL-6
A-KNL-3
A-YL-9
未来设计研究院有限公司
建筑行业甲级证书编号：A132000001
建设单位
某房地产开发有限公司
工程名称
某国际花园 4# 楼
批准
审定
项目管理人
审核
项目负责人
校对
专业负责人
设计
三～十八层给排水平面图
设计号
分项号
版本
图号
水施 11/15
比例
日期

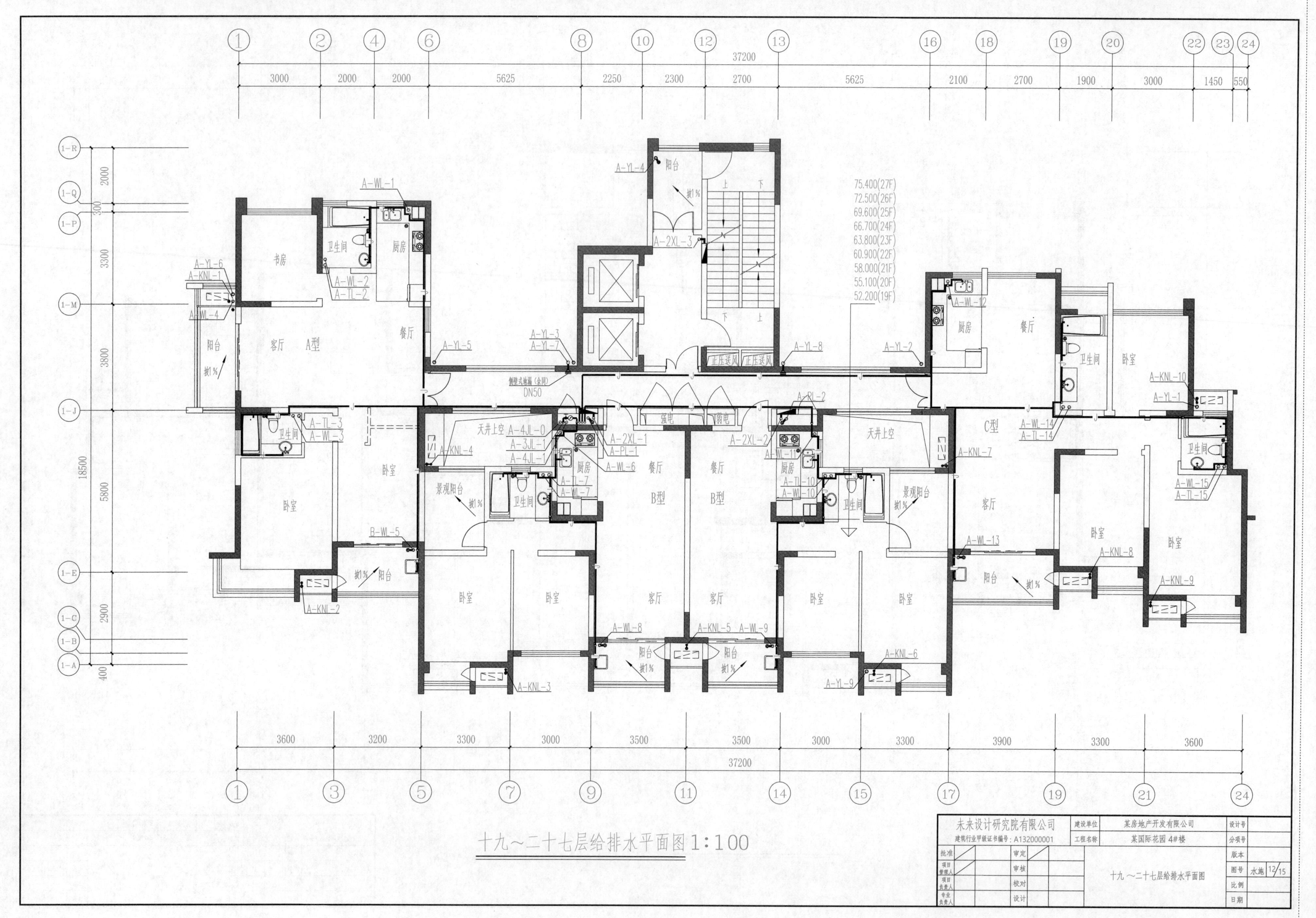
十九~二十七层给排水平面图 1:100
37200
3000
2000
2000
5625
2250
2300
2700
5625
2100
2700
1900
3000
1450
550
3600
3200
3300
3000
3500
3500
3000
3300
3900
3300
3600
18500
2000
300
3300
3800
5800
2900
400
75.400(27F)
72.500(26F)
69.600(25F)
66.700(24F)
63.800(23F)
60.900(22F)
58.000(21F)
55.100(20F)
52.200(19F)
A型
B型
C型
书房
卫生间
厨房
餐厅
客厅
阳台
卧室
景观阳台
天井上空
强电
弱电
正压送风
侧壁式地漏（全封）DN50
A-WL-1
A-WL-2
A-TL-2
A-YL-6
A-KNL-1
A-WL-4
A-YL-4
A-2XL-3
A-YL-5
A-YL-3
A-YL-7
A-YL-8
A-YL-2
A-WL-12
A-KNL-10
A-YL-1
A-TL-3
A-WL-3
A-KNL-4
A-4JL-0
A-3JL-1
A-4JL-1
A-2XL-1
A-PL-1
A-WL-6
A-TL-7
A-WL-7
A-2XL-2
A-PL-2
A-WL-11
A-TL-10
A-WL-10
A-KNL-7
A-WL-14
A-TL-14
A-WL-15
A-TL-15
B-WL-5
A-WL-13
A-KNL-8
A-KNL-9
A-KNL-2
A-WL-8
A-KNL-5
A-WL-9
A-KNL-6
A-YL-9
A-KNL-3
未来设计研究院有限公司
建筑行业甲级证书编号：A132000001
建设单位
某房地产开发有限公司
工程名称
某国际花园 4#楼
设计号
分项号
版本
图号
水施 12/15
比例
日期
批准
项目管理人
项目负责人
专业负责人
审定
审核
校对
设计
十九～二十七层给排水平面图

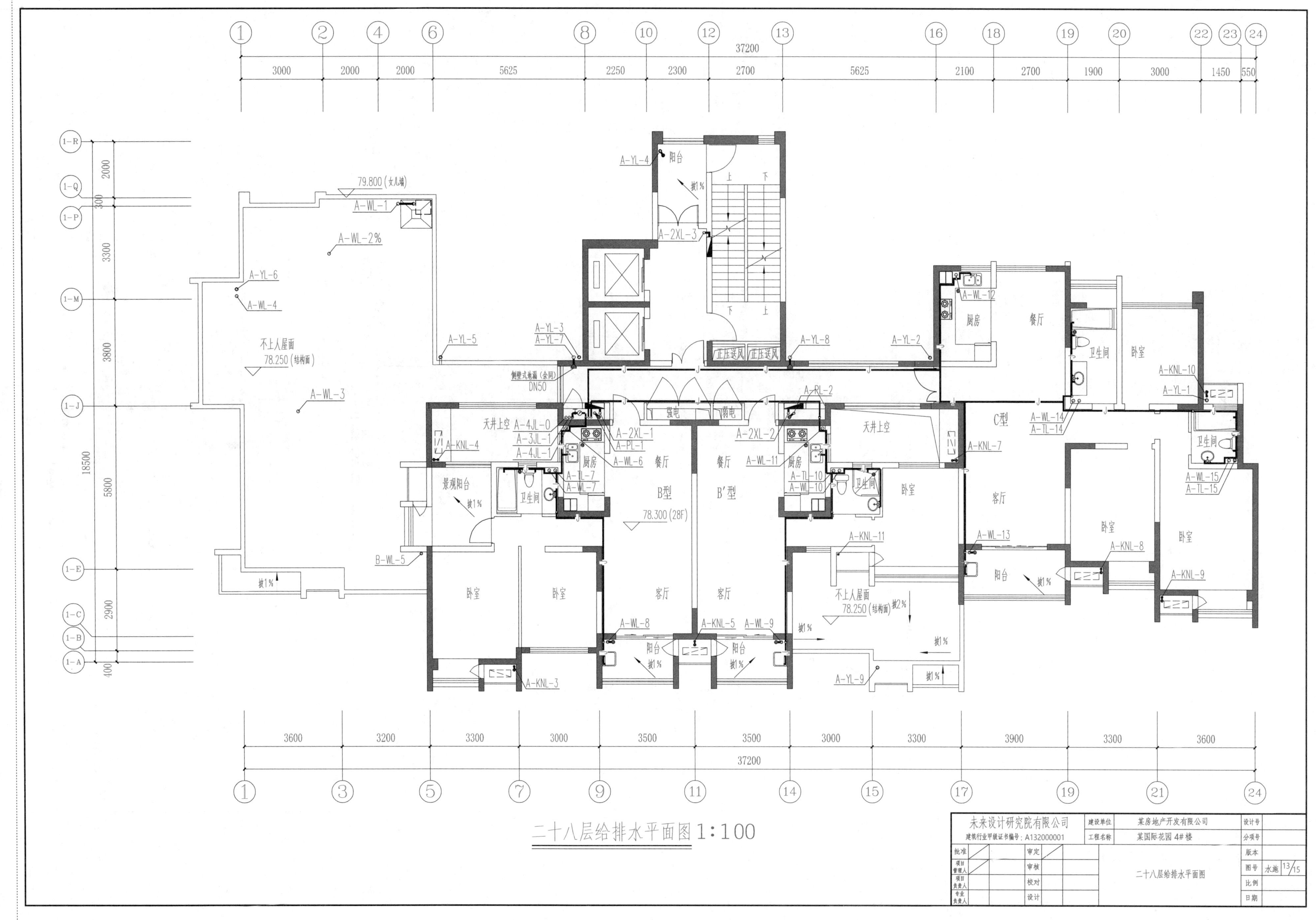

1 2 4 6 8 10 12 13 16 18 19 20 22 23 24
37200
3000 2000 2000 5625 2250 2300 2700 5625 2100 2700 1900 3000 1450 550
1-R 1-Q 1-P 1-M 1-J 1-E 1-C 1-B 1-A
2000 300 3300 3800 5800 2900 400 18500
79.800（女儿墙）
A-WL-1
A-WL-2%
A-YL-6
A-WL-4
不上人屋面
78.250（结构面）
A-WL-3
A-YL-5
A-YL-3
A-YL-7
侧壁式地漏（金属）
DN50
A-YL-4
阳台
坡1%
上
下
A-2XL-3
正压送风
A-YL-8
A-YL-2
A-WL-12
厨房
餐厅
卫生间
卧室
A-KNL-10
A-YL-1
A-RL-2
天井上空
A-4JL-0
A-3JL-1
A-4JL-1
A-2XL-1
A-PL-1
A-WL-6
A-KNL-4
A-TL-7
A-WL-7
景观阳台
强电
弱电
B型
B′型
78.300（28F）
A-2XL-2
A-WL-11
A-TL-10
A-WL-10
A-KNL-7
C型
A-WL-14
A-TL-14
A-WL-15
A-TL-15
客厅
A-WL-13
A-KNL-11
A-KNL-8
A-KNL-9
B-WL-5
坡1%
不上人屋面
78.250（结构面）
坡2%
A-WL-8
A-KNL-5
A-WL-9
A-KNL-3
A-YL-9
3600 3200 3300 3000 3500 3500 3000 3300 3900 3300 3600
37200
1 3 5 7 9 11 14 15 17 19 21 24
二十八层给排水平面图 1:100
未来设计研究院有限公司
建筑行业甲级证书编号：A132000001
建设单位 某房地产开发有限公司
工程名称 某国际花园 4#楼
批准 审定
项目管理人 审核
项目负责人 校对
专业负责人 设计
二十八层给排水平面图
设计号
分项号
版本
图号 水施 13/15
比例
日期

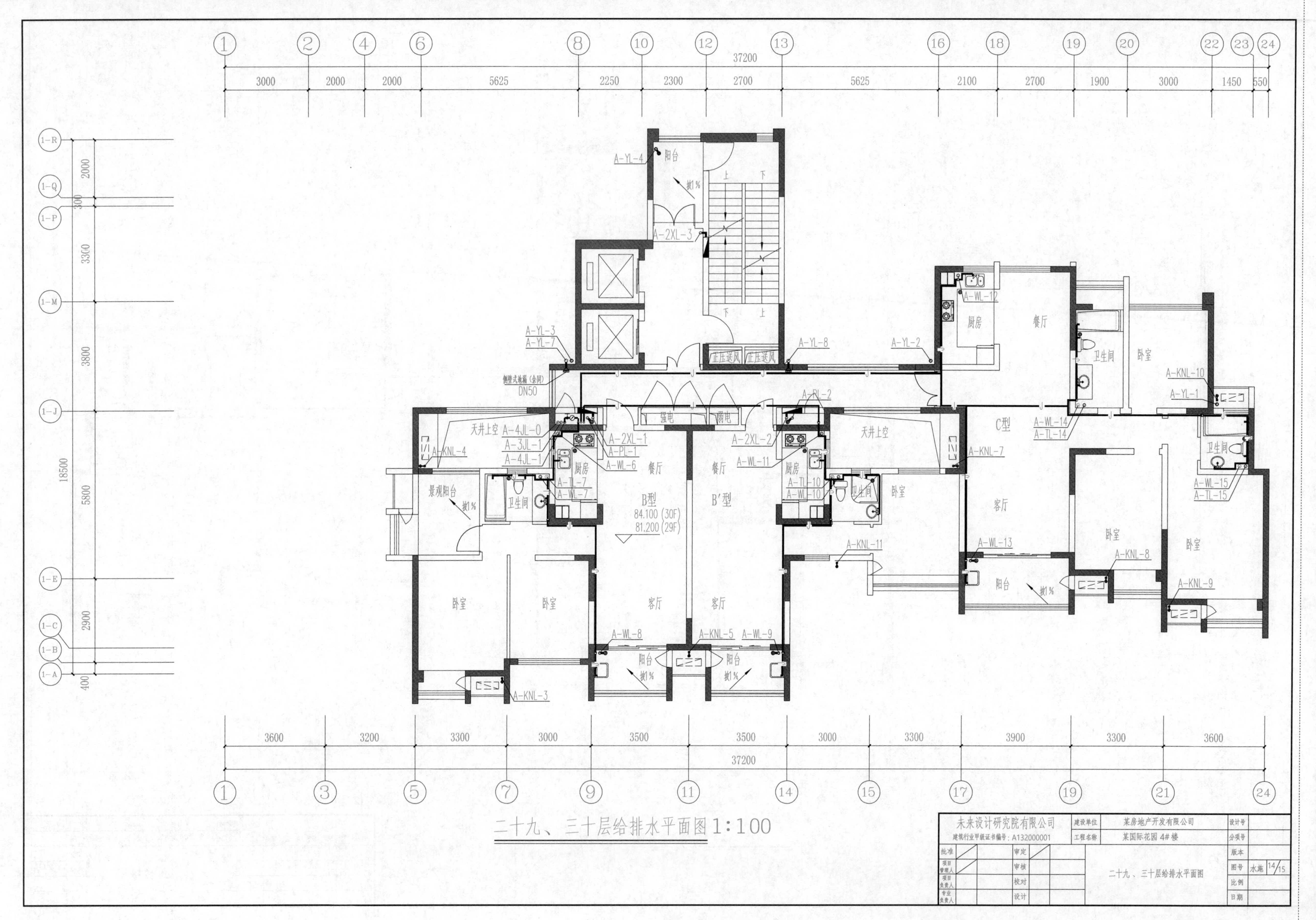

阳台
卧室
客厅
餐厅
厨房
卫生间
天井上空
景观阳台
强电
弱电
正压送风
B型
B′型
C型
84.100 (30F)
81.200 (29F)
37200
18500
二十九、三十层给排水平面图 1:100
未来设计研究院有限公司
建筑行业甲级证书编号：A132000001
建设单位
某房地产开发有限公司
工程名称
某国际花园 4# 楼
二十九、三十层给排水平面图
批准
审定
审核
校对
设计
设计号
分项号
版本
图号
水施
14/15
比例
日期

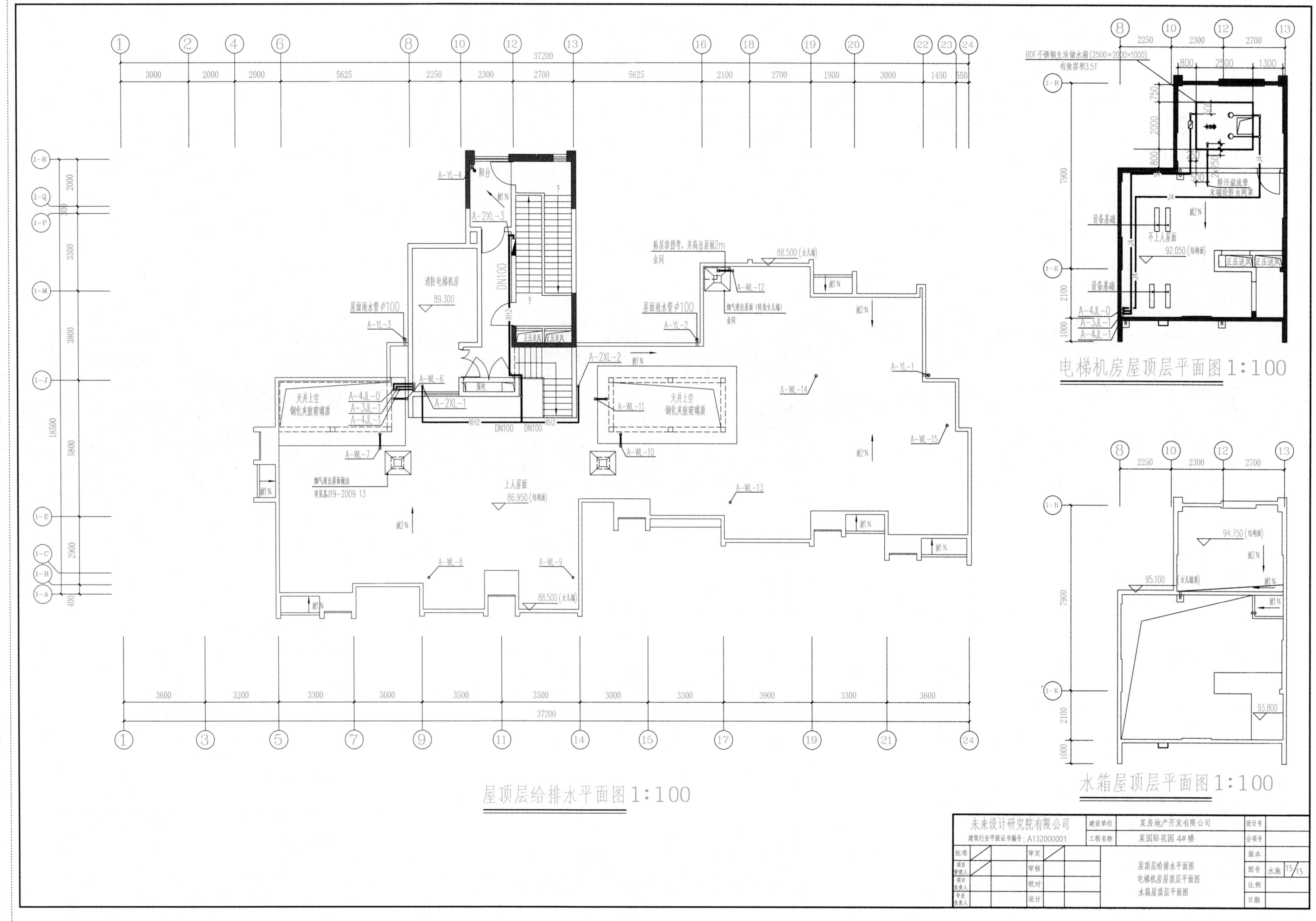
屋顶层给排水平面图1:100
电梯机房屋顶层平面图1:100
水箱屋顶层平面图1:100
未来设计研究院有限公司
建设单位 某房地产开发有限公司
工程名称 某国际花园 4#楼
屋顶层给排水平面图
电梯机房屋顶层平面图
水箱屋顶层平面图
图号 水施 15/15

二、专业教学楼给排水施工图（地上）

给排水设计说明

一、工程概况

1. 本工程为××职业技术学院专业楼，地下一层，地上五层。其中地下室为二等人员掩蔽所，具体设计见地下室图纸。

2. 该建筑耐火等级为二级，地上部分建筑面积7061.5m²，建筑物高度18.3m，体积28500m³。在建筑内设置室内消火栓系统。

二、设计说明

（一）设计依据

1. 建设单位提供的本工程有关资料和设计任务书。
2. 建筑和有关工种提供的作业图和有关资料。
3. 《建筑设计防火规范》 GB 50016-2014(2018版)
4. 《建筑灭火器配置设计规范》 GB 50140-2005
5. 《建筑给水排水设计标准》 GB 50015-2019
6. 《消防给水及消火栓系统技术规范》 GB 50974-2014
7. 《建筑给水排水及采暖工程施工质量验收规范》 GB 50242-2002
8. 《民用建筑节水设计标准》 GB 50555-2010

（二） 设计范围

本工程设有生活给水系统、污废水系统、雨水系统、消火栓系统、灭火器配置系统。

（三） 管道系统

1. 生活给水系统

水源：接自校园内现有生活用水管网。

2. 排水系统

1）排水采用污废分流制。

2）生活污水排入校园内污水管，再排至市政污水管网。

3）通气管采用伸顶通气管。通出屋面高度为 0.800m（上人屋面为2.200m）。

4）污废水管管材：采用标准UPVC管，粘接；±0.000以下埋地管采用厚壁UPVC管，粘结。

3. 雨水系统

1）本工程设独立的雨水系统，雨水有组织排至室外雨水井，再排入校园内雨水管网。

2）除特殊说明外，组合型雨水斗均采用87型雨水斗。

3）雨水管管材：室外雨水管采用标准UPVC管，粘接。

4. 消火栓系统

1）根据《建筑设计防火规范》(GB 50016-2014)(2018版)，本工程室外消防用水量为25L/s，火灾延续时间为2h。室内消火栓：15L/s，火灾延续时间为2h，同时使用水枪数量为3支，每支水枪最小流量为5L/s，水枪充实水柱不应小于10 MH_2O。

2）本工程采用临时高压给水系统，室内消防给水接自校内现有水池及泵房。

3）本工程采用DN65消火栓，内配DN65麻质水龙带长25M，19mm消防水枪，铝合金消防箱，消防箱明暗装见图，消火栓栓口中心安装高度均为1.10m，每只消防箱内均设消防报警按钮一套。

4）系统：消防给水管道连成环状，分两路进水与原有消防管网连接。

5. 灭火器配置系统

根据《建筑灭火器配置设计规范》确定本工程灭火器配置基准为：A类中危险级，采用4kg装磷酸铵盐干粉灭火器(MF/ABC4)，在图示位置处设置灭火器三具。

（四） 管材

1. 生活给水管

1）室外采用球墨铸铁给水管（内衬水泥砂浆聚合物）。室内均采用薄壁不锈钢管或钢塑复合管，承插式焊接。

2）给排水塑料管外径与公称直径对照表如下。

公称直径DN (mm)	15	20	25	32	40	50	65	75	80	100	150
给水塑料管外径de (mm)	20	25	32	40	50	63	75	–	90	110	160
排水塑料管外径De (mm)	–	–	–	40	50	50	–	75	–	110	160

2. 排水管道

1）室内污水管道UPVC排水管，专用胶水接口。

2）屋面雨水管采用PVC-U雨水管，粘结。

3）室外埋地排水管采用PE管，热熔连接。

3. 消防管道

消防给水管道采用镀锌钢管，DN80及以下管径采用丝扣连接，DN100及以上采用沟槽连接，阀门及需拆卸部位采用法兰连接。管道工作压力为1.4MPa。

4. 卫生洁具及附件

1）本工程所用卫生洁具均采用陶瓷制品，颜色由业主和装修设计确定。

2）卫生间采用铝合金或铜防返溢地漏及多用地漏，算子均为镀铬制品，地漏水封高度不小于50mm。

3）地面清扫口采用铜制品，清扫口表面与地面齐平。

4）全部给水配件均采用节水型产品，不得采用淘汰产品。

5. UPVC塑料排水管伸缩节的设置要求详见《建筑排水硬聚氯乙烯管道工程技术规程》(CJJ/T 29—2010)。

1）当层高≤4m时，立管应每层设一个伸缩节，否则应根据设计伸缩量确定。

2）横干管设置伸缩节，一般不大于4m，或按设计图纸中要求设置。

3）横支管上合流配件至立管的直线管段大于2m时，宜设伸缩节，但伸缩节间的最大间距不大于4m。

4）管道设计伸缩量 $D\leq110$mm时，≤20mm；$D\geq160$mm时，≤25mm。

（六） 管道敷设

1. 所有立管均沿墙角或墙壁敷设，支管均暗装。

2. 给水立管穿楼板时，应设套管。安装在楼板内的套管，其顶部应高出装饰地面20mm；安装在卫生间内的套管，其顶部高出装饰地面50mm 底部应与楼板底面相平；套管与管道之间缝隙应用阻燃密实材料和防水油膏填实，端面光滑。

3. 排水管穿楼板应预留孔洞，管道安装完后将孔洞严密捣实，立管周围应设高出楼板面设计标高10~20mm的阻水圈。

4. 管道穿钢筋混凝土墙和楼板、梁时，应根据图中所注管道标高、位置配合土建工种预留孔洞或预埋套管；管道穿地下室外墙时，应预埋防水套管。

（七） 管道坡度

1. 排水管道除图中注明者外，均按下列坡度安装：

管径(mm)	De50	De75	De110	De160
标准坡度	0.035	0.025	0.02	0.01

2. 给水管、消防给水管均按0.002的坡度坡向立管或泄水装置。

3. 热水系统水平横管应有0.003的坡度，坡降方向除循环泵房进出水管坡降坡向泵房外，其余均同水流方向。

4. 通气管以0.01的上升坡度坡向通气立管。

（八） 管道支架

1. 管道支架或管卡应固定在楼板上或承重结构上。

2. 水泵房内采用减震吊架及支架。

3. 钢管水平安装支架间距，按《建筑给水排水及采暖工程施工质量验收规范》(GB 50242—2002)之规定施工。

4. 热水管道参照规范及手册要求设置固定支架及活动导向支架；立管每层装一管卡，安装高度为距地面1.5m。排水管上的吊钩或卡箍应固定在承重结构上，固定件间距：横管不得大于2m，立管不得大于3m，层高小于或等于4m，立管中部可安一个固定件。

5. 排水立管检查口距地面或楼板面1.00m，消火栓栓口距地面或楼板面1.10m。

（九） 管道连接

1. 排水管道弯头均采用带检修门的弯头。

2. 污水横管与横管的连接不得采用正三通和正四通。

3. 污水立管偏置时，应采用乙字管或两个45°弯头。

4. 污水立管与横管及排出管连接时采用两个45°弯头，且立管底部弯管处应设支墩。

5. 阀门安装时应将手柄留在易于操作处。暗装在管井、吊顶内的管道，凡设阀门及检查口处均应设检修门。

（十） 管道设备保温

1. 所有室外明露的给水管道及热水供应管道均需做防冻保温，室内排水横管及消防、喷淋横管均需做防结露保温。

2. 室内保温材料采用橡塑管壳，防结露给水管保温厚度为15mm；保护层采用玻璃布缠绕。

室外防冻保温采用聚氯乙烯双合管，保温层厚度为50mm，外包镀锌铁皮保护。

3. 保温应在试压合格及除锈防腐处理后进行。

4. 埋于地下或暗装铸铁管，无特殊情况下，管外壁刷石油沥青两道；明装时管外壁刷丹油一道，银粉两道，钢管埋地采用"三油二布"法防腐。

5. 涂底漆前，应清除表面的灰尘、污垢、锈斑、焊渣等物。涂刷油漆厚度应均匀，不得有脱皮、起泡、流淌和漏涂现象。

（十一） 其他

1. 图中所注尺寸除管长、标高以m计外，其余均以mm计。

2. 本图所注管道标高：给水、热水、消防、压力排水管等压力管指管中心；污水、废水、雨水、溢水、泄水管等重力流管道和无水流的通气管指管内底。

3. 本设计施工说明与图纸具有同等效力，二者有矛盾时，业主及施工单位应及时提出，并以设计单位解释为准。

4. 施工中应与土建公司和其他专业公司密切合作，合理安排施工进度，及时预留孔洞及预埋套管，以防碰撞和返工。除本设计说明外，施工中还应遵守《建筑给水排水及采暖工程施工质量验收规范》GB 50242—2002及《给水排水构筑物施工及验收规范》(GB 50141—2008)。

图例

序号	图例	名称	序号	图例	名称	序号	图例	名称
1	——J——	冷水给水管	8		蝶阀	15		地漏
2	——XH——	消防管	9		普通节水水龙头	16		通气帽
3	——W——	污水管	10		角阀	17		压力表
4	——Y——	雨水管	11		自动排气阀	18		雨水斗
5		闸阀	12		存水弯	19		末端试水装置
6		截止阀 DN≥50	13		检查口	20		干粉灭火器
7		截止阀 DN<50	14		清扫口	21		室内消火栓

图纸目录

未来设计研究院有限公司 建筑行业甲级证书编号：A132000001				建设单位	××职业技术学院	设计号	
				工程名称	专业教学楼	分项号	
批准		审定		给排水设计说明 图例 图纸目录		版本	
项目管理人		审核				图号	水施 1/9
项目负责人		校对				比例	
专业负责人		设计				日期	

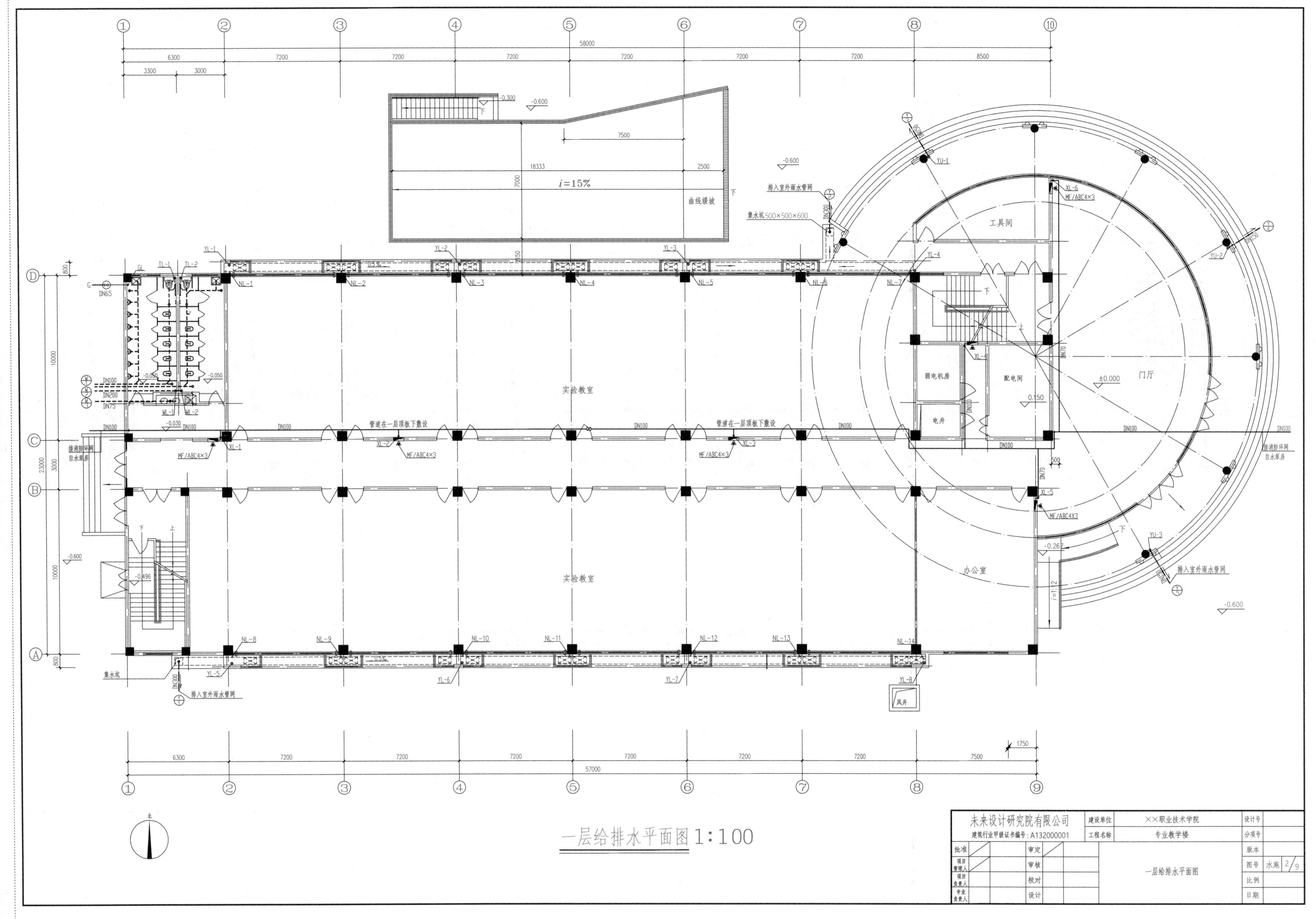

58000
6300
7200
8500
3300
3000
i=15%
曲线缓坡
排入室外雨水管网
集水坑500×500×600
工具间
门厅
弱电机房
配电间
电井
实验教室
办公室
管道在一层顶板下敷设
接消防环网
自水泵房
集水坑
风井
57000
7500
1750
一层给排水平面图 1:100
未来设计研究院有限公司
建筑行业甲级证书编号：A132000001
建设单位
××职业技术学院
工程名称
专业教学楼
设计号
分项号
版本
批准
审定
项目管理人
审核
项目负责人
校对
专业负责人
设计
一层给排水平面图
图号
水施
2/9
比例
日期

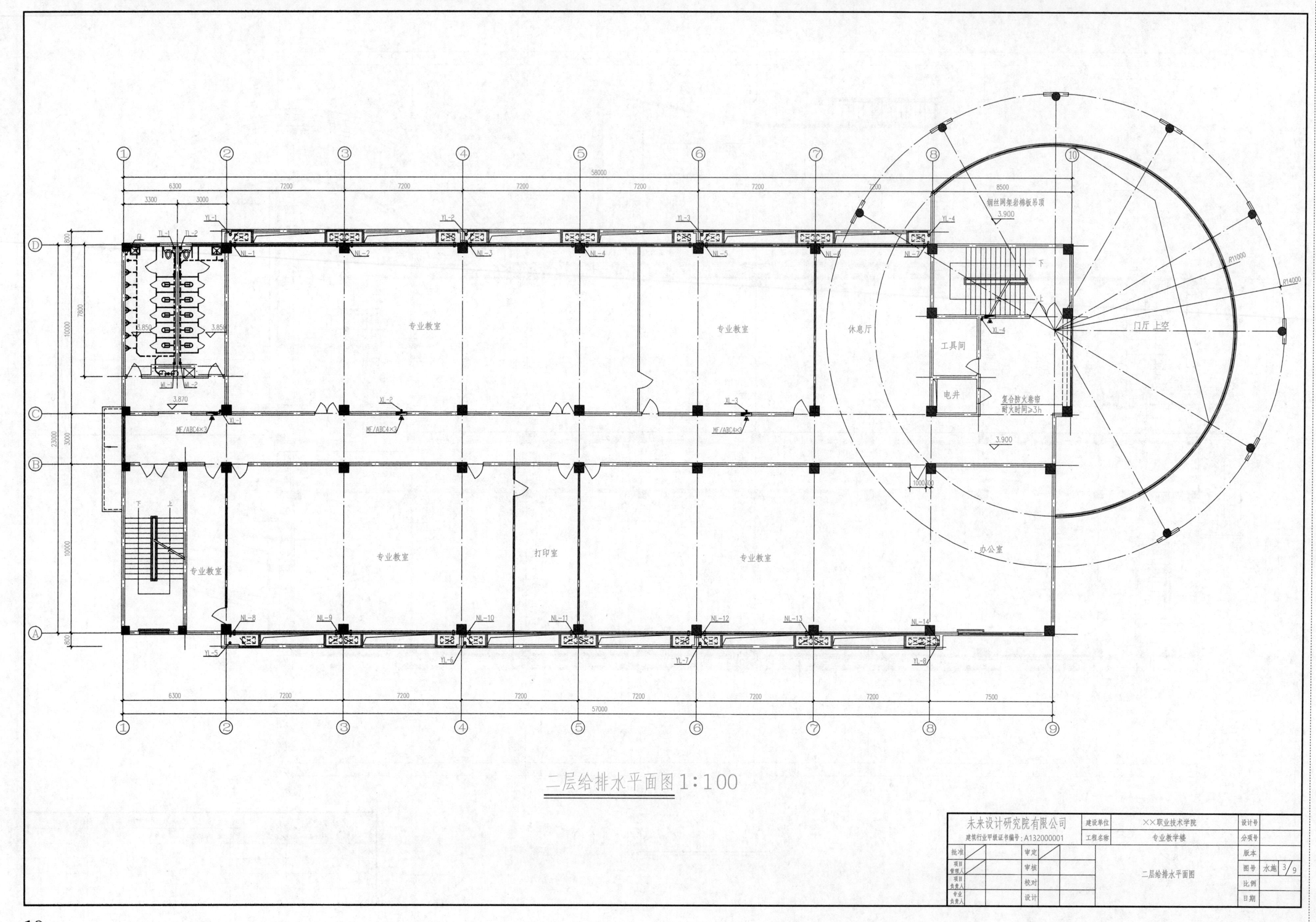
二层给排水平面图1∶100
专业教室
休息厅
工具间
电井
门厅 上空
办公室
打印室
复合防火卷帘
耐火时间≥3h
钢丝网架岩棉板吊顶
未来设计研究院有限公司
建筑行业甲级证书编号：A132000001
建设单位
××职业技术学院
工程名称
专业教学楼
二层给排水平面图
批准
审定
审核
校对
设计
设计号
分项号
版本
图号
水施 3/9
比例
日期

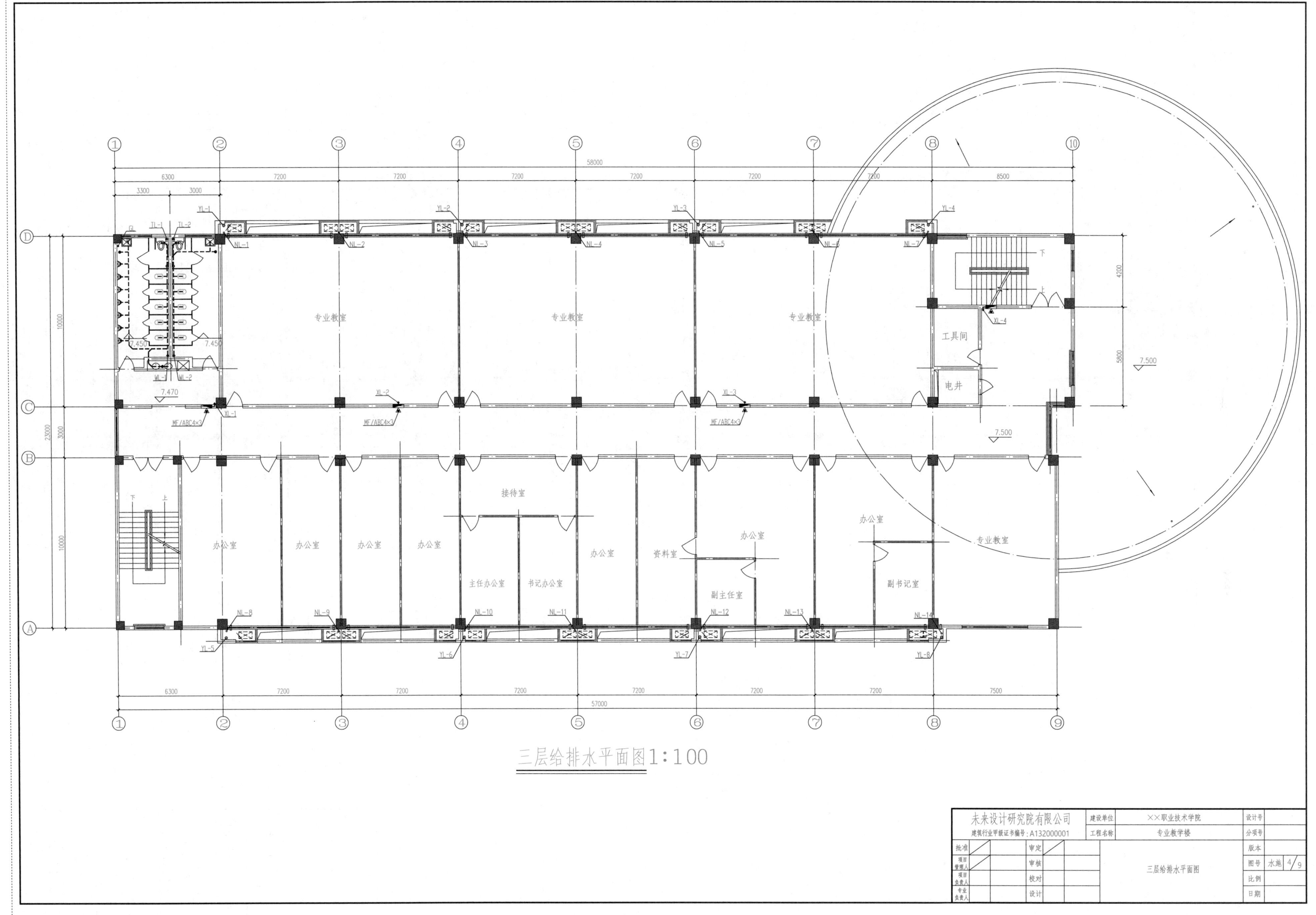
专业教室
专业教室
专业教室
工具间
电井
接待室
办公室
办公室
办公室
办公室
主任办公室
书记办公室
办公室
资料室
办公室
副主任室
办公室
副书记室
专业教室
三层给排水平面图1:100
未来设计研究院有限公司
建筑行业甲级证书编号：A132000001
建设单位
××职业技术学院
工程名称
专业教学楼
三层给排水平面图
水施 4/9

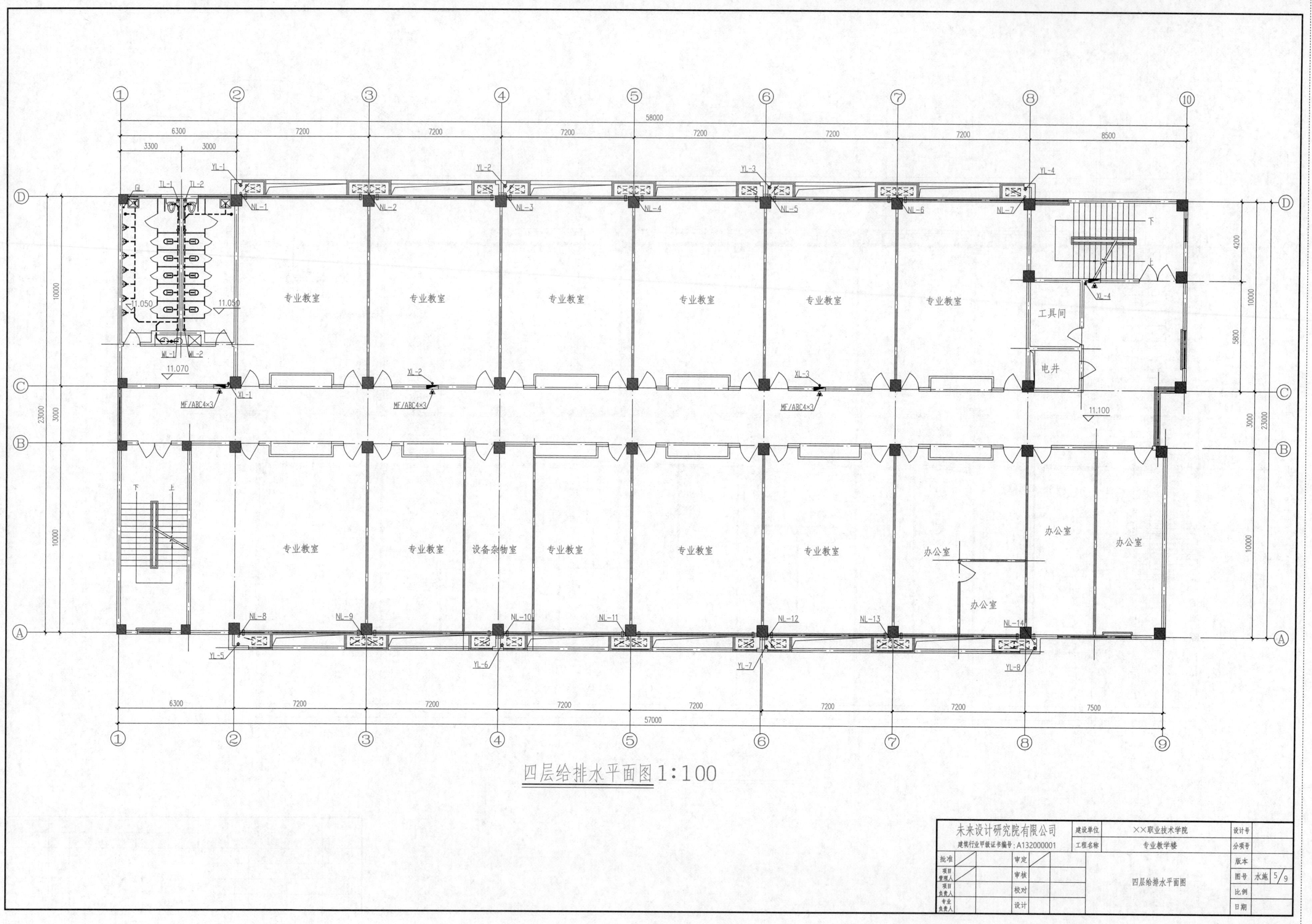
专业教室
设备杂物室
办公室
工具间
电井
四层给排水平面图 1:100
未来设计研究院有限公司
建筑行业甲级证书编号：A132000001
建设单位
××职业技术学院
工程名称
专业教学楼
四层给排水平面图
图号
水施 5/9

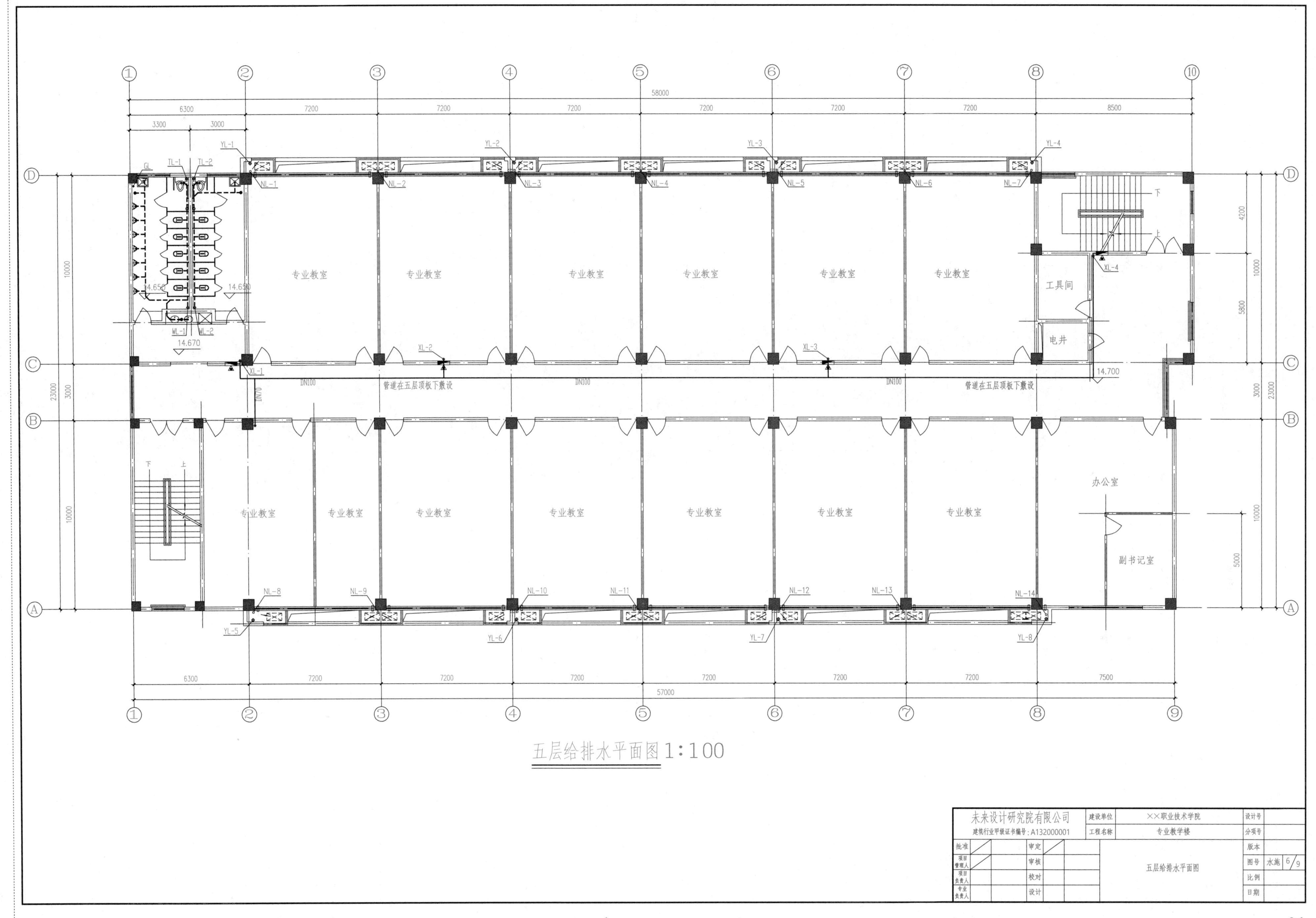
五层给排水平面图1:100
专业教室
工具间
电井
办公室
副书记室
管道在五层顶板下敷设
未来设计研究院有限公司
建筑行业甲级证书编号:A132000001
建设单位
××职业技术学院
工程名称
专业教学楼
五层给排水平面图
水施 6/9

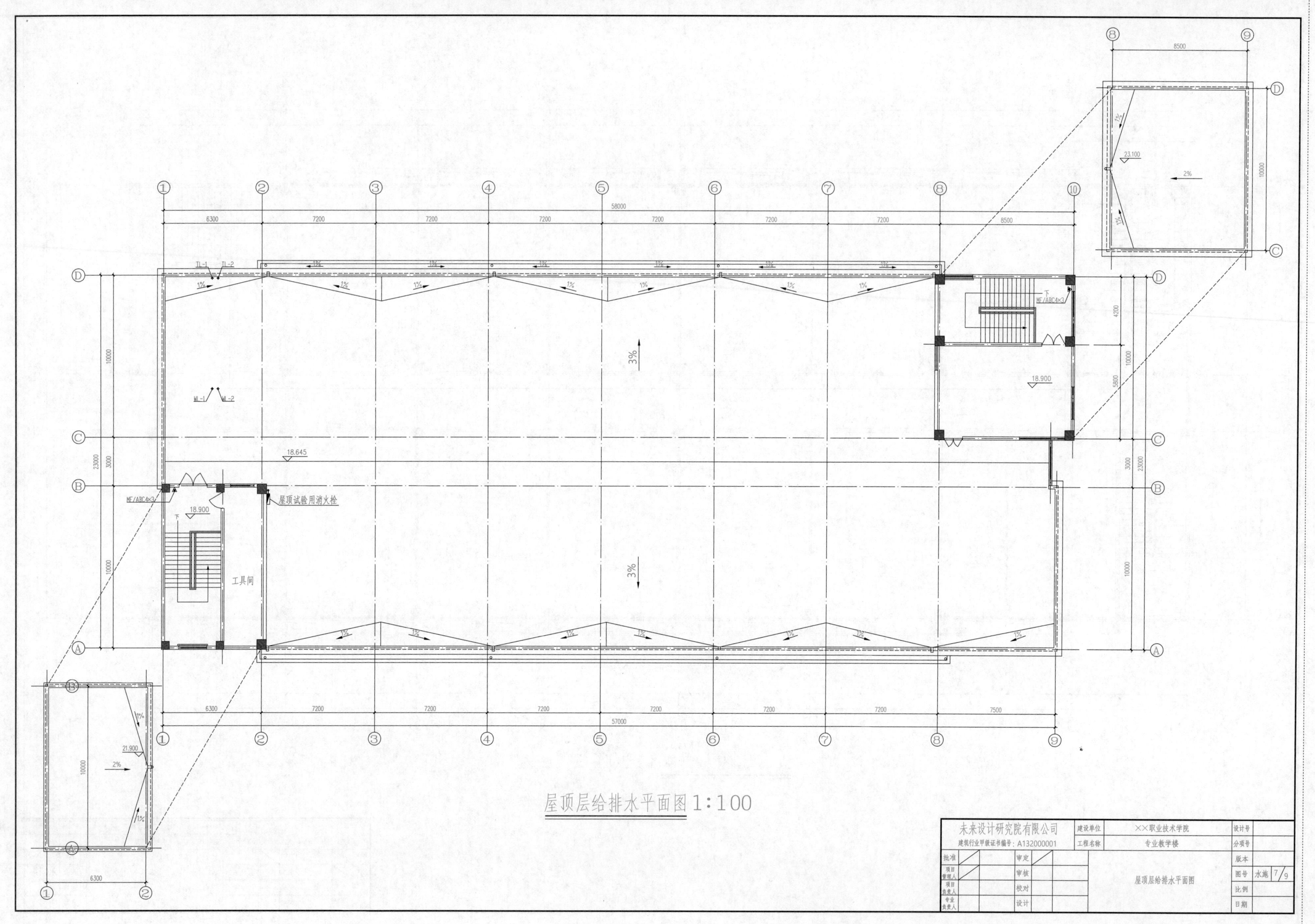
屋顶层给排水平面图 1:100
屋顶试验用消火栓
工具间
MF/ABC4×3
18.900
18.645
23.100
21.900
58000
57000
6300
7200
8500
7500
10000
23000
3000
4200
5800
3%
2%
1%
未来设计研究院有限公司
建筑行业甲级证书编号：A132000001
建设单位
××职业技术学院
工程名称
专业教学楼
设计号
分项号
版本
图号
水施
7/9
比例
日期
批准
项目管理人
项目负责人
专业负责人
审定
审核
校对
设计
屋顶层给排水平面图

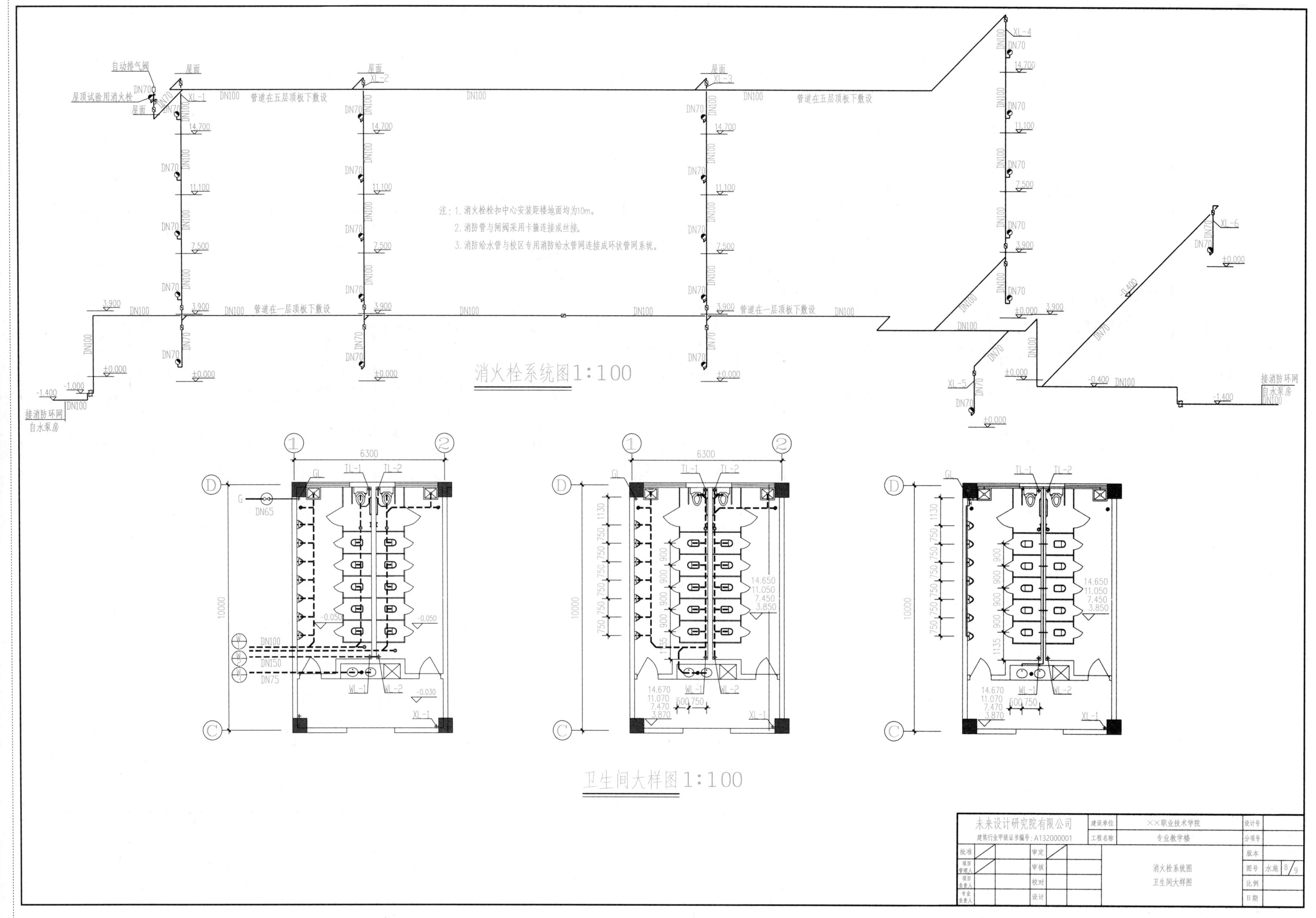

消火栓系统图1:100
注：1. 消火栓栓扣中心安装距楼地面均为10m。
2. 消防管与阀门采用卡箍连接或丝接。
3. 消防给水管与校区专用消防给水管网连接成环状管网系统。
自动排气阀
屋顶试验用消火栓
屋面
管道在五层顶板下敷设
管道在一层顶板下敷设
接消防环网
自水泵房
卫生间大样图1:100
未来设计研究院有限公司
建设单位
××职业技术学院
工程名称
专业教学楼
消火栓系统图
卫生间大样图

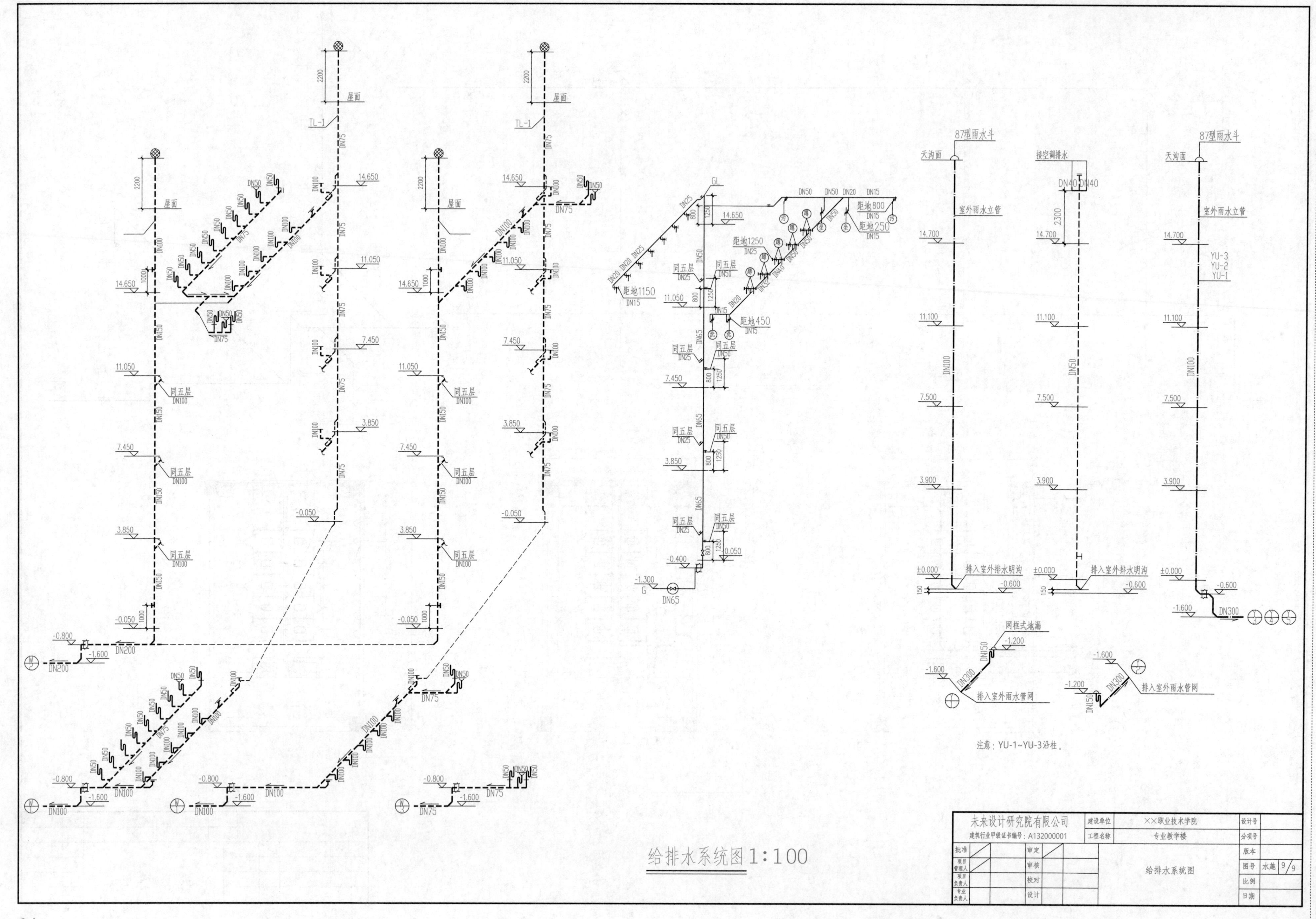

屋面
TL-1
GL
同五层
距地1150
距地1250
距地800
距地250
距地450
87型雨水斗
天沟面
室外雨水立管
接空调排水
YU-3
YU-2
YU-1
排入室外排水明沟
网框式地漏
排入室外雨水管网
注意：YU-1~YU-3沿柱。
给排水系统图 1:100
未来设计研究院有限公司
建筑行业甲级证书编号：A132000001
建设单位
××职业技术学院
工程名称
专业教学楼
给排水系统图
批准
项目管理人
项目负责人
专业负责人
审定
审核
校对
设计
设计号
分项号
版本
图号
水施 9/9
比例
日期

三、专业教学楼人防地下室给排水施工图（含人防）

设计说明

一、设计依据

1.《汽车库、修车库、停车场设计防火规范》 GB50067—2014

2.《建筑给水排水设计规范》 GB50015—2019

3.《人民防空工程设计防火规范》 GB50098—2009

4.《人民防空地下室设计规范》 GB50038—2019

5.《自动喷水灭火系统设计规范》 GB50084—2017

6.《建筑灭火器配置设计规范》 GB50140—2005

7.甲方和地面设计单位提供的相关设计数据和资料。

二、基本设计参数

1.消防用水量：室内消火栓用水量为10L/s，由校区消防泵房低区消火栓管网供给。考虑地面建筑消火栓流量、压力，消火栓泵以地面情况复核，校区最高建筑物楼顶已设置18t消防水箱。

2.自动喷水灭火系统危险等级按中Ⅱ级设计，用水量为35L/s。系统所需压力为0.4MPa，由校区消防泵房喷淋管网供给。考虑地面建筑喷淋流量、压力，喷淋泵以地面情况复核。校区最高建筑物楼顶已设置18t消防水箱。

三、本地下室室内生活给水由小区给水管网直接供给。排水采用雨、污分流制，雨水排入室外雨水管网，污水排入室外污水管网。车库内排水接至室外隔油设施，具体布置由给排水总图设计确定。

四、本地下室室内消火栓给水由校区室内消火栓环网供给。室内消火栓采用减压稳压消火栓，压力减至0.3MPa，消火栓箱内均设长25m SNW65室内消火栓一只，衬胶水龙带一根，19mm水枪一支，消防按钮一只。消火栓栓口离地面距离为1.1m。

自动喷水灭火系统喷头采用ZSTZ15/68直立型闭式喷头，喷头上装，喷头距顶板距离按规范《自动喷水灭火系统设计规范》(GB 50084—2017)表7.2.1确定。

生活排水泵选用潜水排污泵，满足消防排水流量校核，同时也作为消防排水泵，其浮球开关根据污水池设定的高低水位，自动控制泵的启停。给水管、消火栓管道遇风管时避让、给水管、消火栓管道遇桥架时避让。

给排水各系统所用阀门根据系统所需压力的不同选用各压力等级的阀门。喷淋管网上控制阀采用信号阀。消防水泵接合器布置详见给排水总图。穿越人防围护结构的管道，在防护区内侧设防护阀门，防护阀门采用阀芯为不锈钢或铜材质的闸阀，且公称压力不小于1.0MPa。人防围护结构内侧距离阀门的近端面不宜大于200mm。

五、管材选用

1.生活给水管道采用钢塑复合管，丝接或卡箍连接。

2.室内重力排水管道采用机制排水铸铁管或热镀锌钢管。压力排水管采用镀锌钢管，丝扣连接。

3.室内低区消火栓管道采用内外壁热镀锌钢管，丝扣连接或卡箍式连接。

高区消火栓管道采用镀锌无缝钢管，法兰连接。采取二次内外热镀锌处理。

4.自喷给水管道采用内外壁热镀锌钢管：DN<80时，采用丝扣连接；DN≥80时，采用卡箍式连接。

5.管径大于DN150，减压阀（消火栓、喷淋系统）进水口至水泵吸水管及水泵出口至其他建筑消防管采用无缝钢管，壁厚：DN150×4.5、DN200×6，法兰连接，采取二次内外热镀锌处理。

六、管道穿墙处理：管道穿人防工程围护结构时采用防爆套管，当管径大于DN150mm时，应设置外侧加防护挡板的刚性防水套管，详见国标图集07FS02。

七、室内消火栓安装参见国标04S202，自动喷水灭火设施安装参见国标04S206，消防水泵接合器安装参见国标99S203，防水套管安装参见国标02S404，水表井及其安装参见国标01SS105。

八、管道防腐：明装的钢管先涂红酚醛防锈漆一道，再涂面漆一道。埋地钢管刷两道热沥青防腐。热镀锌钢管埋地敷设于底板下时，应用混凝土包覆，具体做法见结构说明。

九、管道保温：汽车坡道下明露自喷管采用硬聚胺酯泡沫塑料保温，厚度50mm，外包铝箔保护。

十、管道油漆：生活给水管道外表刷银灰色面漆，消火栓给水管道外表刷红色面漆。自动喷水灭火系统给水管道外表面刷红色面漆，并刷其他颜色的色环区别于消火栓管道，排水管道外表刷黑色面漆。

十一、小型灭火器选用MF/ABC3(3kg磷酸铵盐）手提式干粉灭火器，每处三只。

十二、标高和尺寸

1.图中标高以m计，其余均以mm计。

2.图中所注标高为相对标高，以室内±0.000为参照标准。给水管的标高以管中心计，排水管的标高以管内底计。

十三、其他

1.室内给水管试验压力应为给水管工作压力的1.5倍，且不得小于1.0MPa；室内消防管工作压力≤1.0MPa时，消防管试验压力应为系统工作压力的1.5倍，并不低于1.4MPa；当消防管工作压力>1.0MPa时，消防管试验压力为工作压力加0.4MPa；室内排水管应进行灌水试验和通球试验；室内雨水管也应进行灌水试验。

2.由于本工程管线较多，管线交叉处施工时需注意现场协调，与土建、电、暖通专业相互配合，一般情况下压力管让重力管、小管让大管。

3.除以上说明外，施工中必须执行国家现行有关施工验收规范规程，施工中如遇到新的问题，应及时与设计部门研究解决。

图　例

序号	图例	名称	序号	图例	名称
1		市政给水管	10		室内单口消火栓
2	x	消火栓给水管	11		闭式喷头
3		小型灭火器（手提式）	12		水表
4	Z	喷淋给水管	13		压力表
5	P	压力排水管	14		压差流量计
6		排水管	15		水泵结合器
7		闸阀	16		防水套管
8		蝶阀	17		防爆套管
9		信号阀	18		防爆地漏

主要设备一览表

编号	名称	规格	单位	数量	备注
1	室内消火栓	SNW65	只	6	减压稳压消火栓
2	喷头	ZSTZ15/68	只	152	含10只备用喷头
3	水流指示器	ZSJZ-150	只	1	
4	小型灭火器	MF/ABC3	只	60	
5	潜水排污泵	65XWQ25-15-2.2 Q=25m^3/h H=0.15MPa N=2.2kW	台	6	
6	潜水排污泵	80XWQ40-15-4 Q=40m^3/h H=0.15MPa N=4kW	台	2	
7	湿式报警阀	ZSFZ-150	套	1	

图 纸 目 录

序号	图号		图纸名称	图纸规格
1	水施	1/5	设计说明　图例　主要设备一览表　图纸目录	A1
2	水施	2/5	地下车库喷淋平面图	A1
3	水施	3/5	地下车库消火栓、给排水平面图	A1
4	水施	4/5	设计说明　地下车库战时给排水平面图　剖面图	A1
5	水施	5/5	消火栓系统图　喷淋管道系统原理图　潜污泵排水系统图　生活给水系统图　排水系统图	A1

未来设计研究院有限公司 建筑行业甲级证书编号：A132000001		建设单位	××职业技术学院	设计号		
		工程名称	专业教学楼人防地下室	分项号		
批准		审定	设计说明 图例 主要设备一览表 图纸目录	版本		
项目管理人		审核		图号	水施	1/5
项目负责人		校对		比例		
专业负责人		设计		日期		

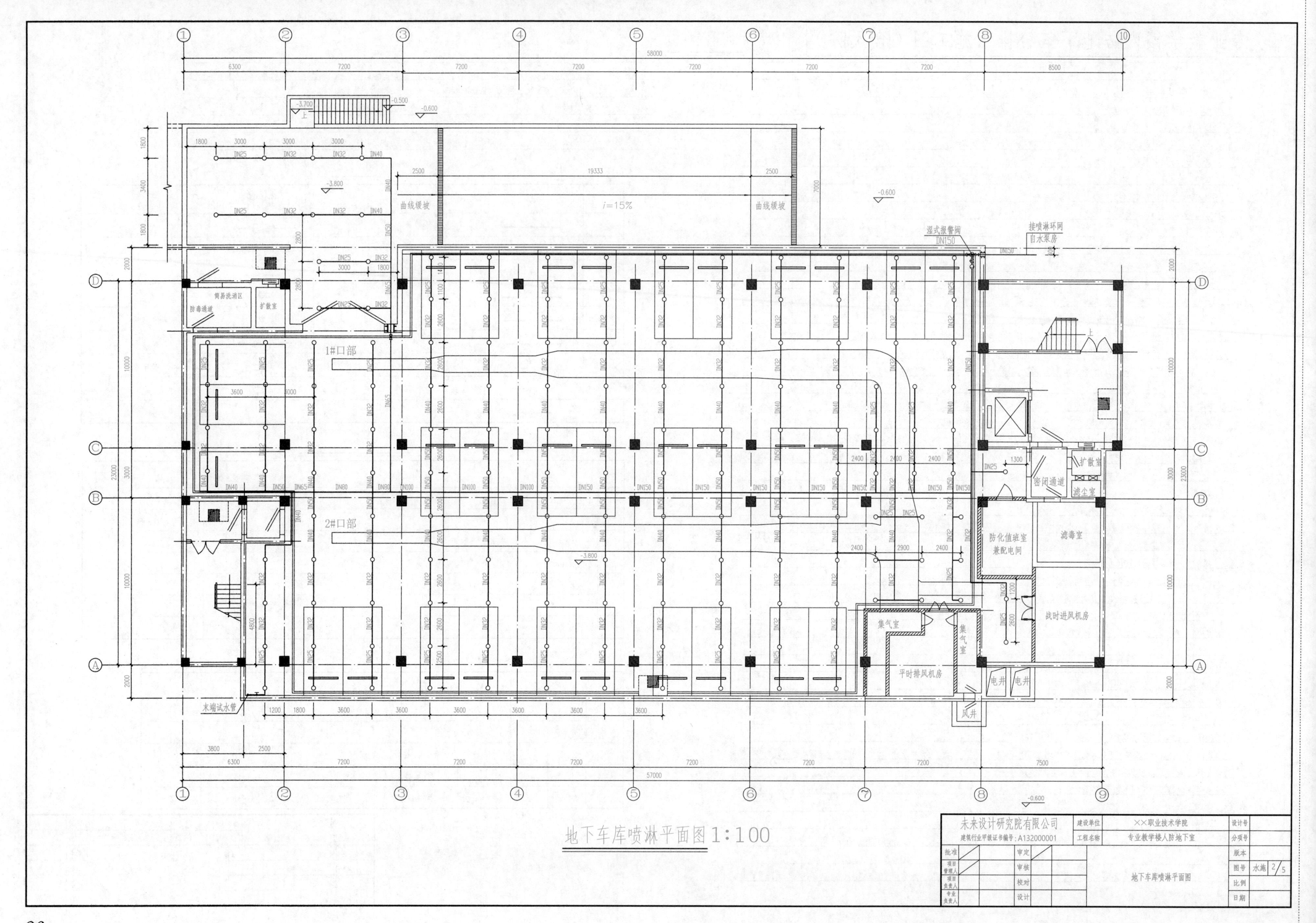

地下车库喷淋平面图1:100
58000
57000
曲线缓坡
i=15%
湿式报警阀
DN150
接喷淋环网
自水泵房
简易洗消区
防毒通道
扩散室
1#口部
2#口部
密闭通道
扩散室
滤尘室
防化值班室
兼配电间
滤毒室
战时进风机房
集气室
平时排风机房
电井
风井
末端试水管
未来设计研究院有限公司
建筑行业甲级证书编号:A132000001
建设单位
××职业技术学院
工程名称
专业教学楼人防地下室
设计号
分项号
版本
图号
水施
2/5
比例
日期
批准
项目管理人
项目负责人
专业负责人
审定
审核
校对
设计
地下车库喷淋平面图

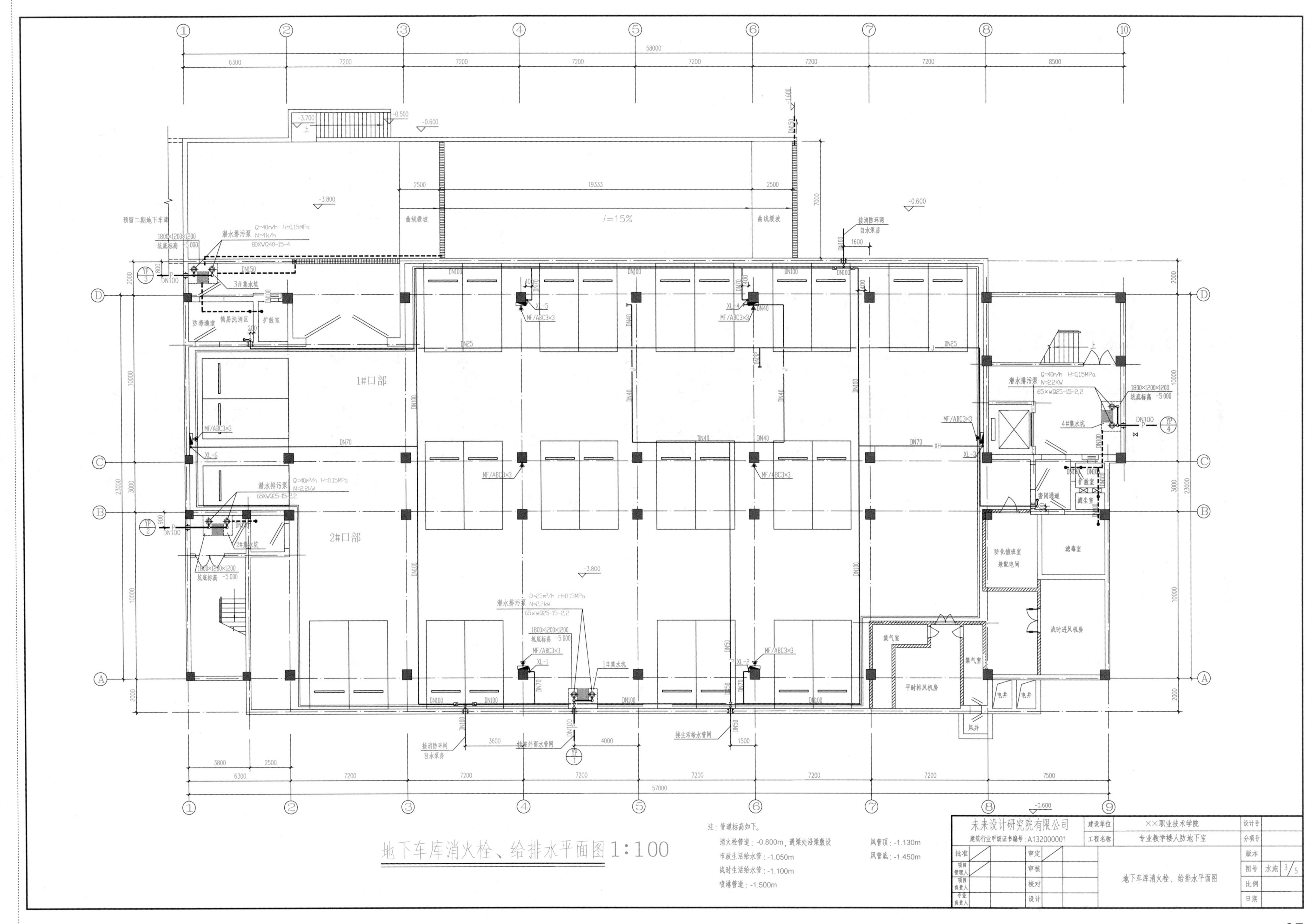
地下车库消火栓、给排水平面图 1:100
注：管道标高如下。
消火栓管道：-0.800m，遇梁处沿梁敷设
市政生活给水管：-1.050m
战时生活给水管：-1.100m
喷淋管道：-1.500m
风管顶：-1.130m
风管底：-1.450m
未来设计研究院有限公司
建筑行业甲级证书编号：A132000001
建设单位
××职业技术学院
工程名称
专业教学楼人防地下室
地下车库消火栓、给排水平面图
1#口部
2#口部
i=15%
58000
57000

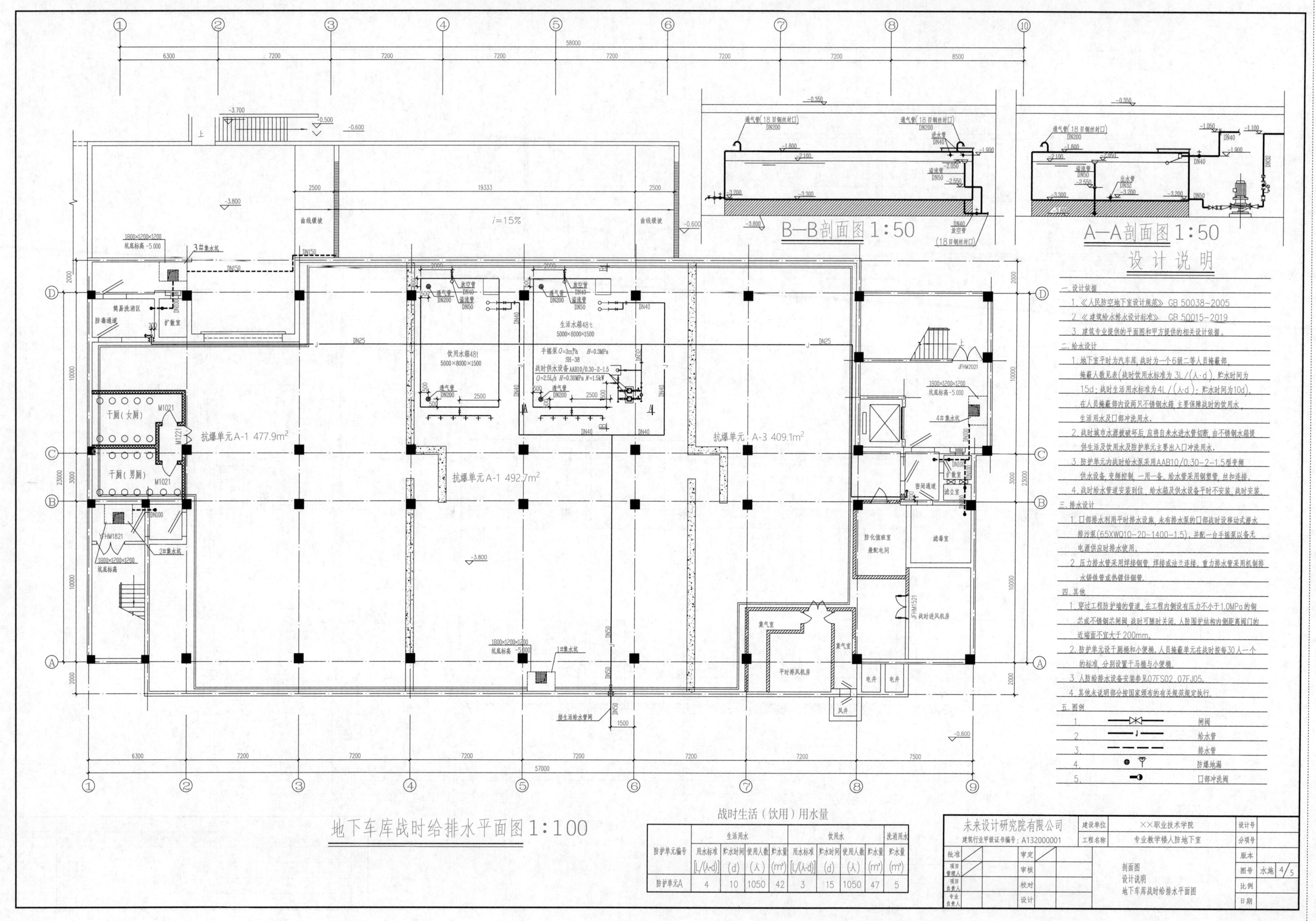

防护单元编号	生活用水				饮用水				洗消用水
	用水标准 [L/(人·d)]	贮水时间 (d)	使用人数 (人)	贮水量 (m³)	用水标准 [L/(人·d)]	贮水时间 (d)	使用人数 (人)	贮水量 (m³)	贮水量 (m³)
防护单元A	4	10	1050	42	3	15	1050	47	5

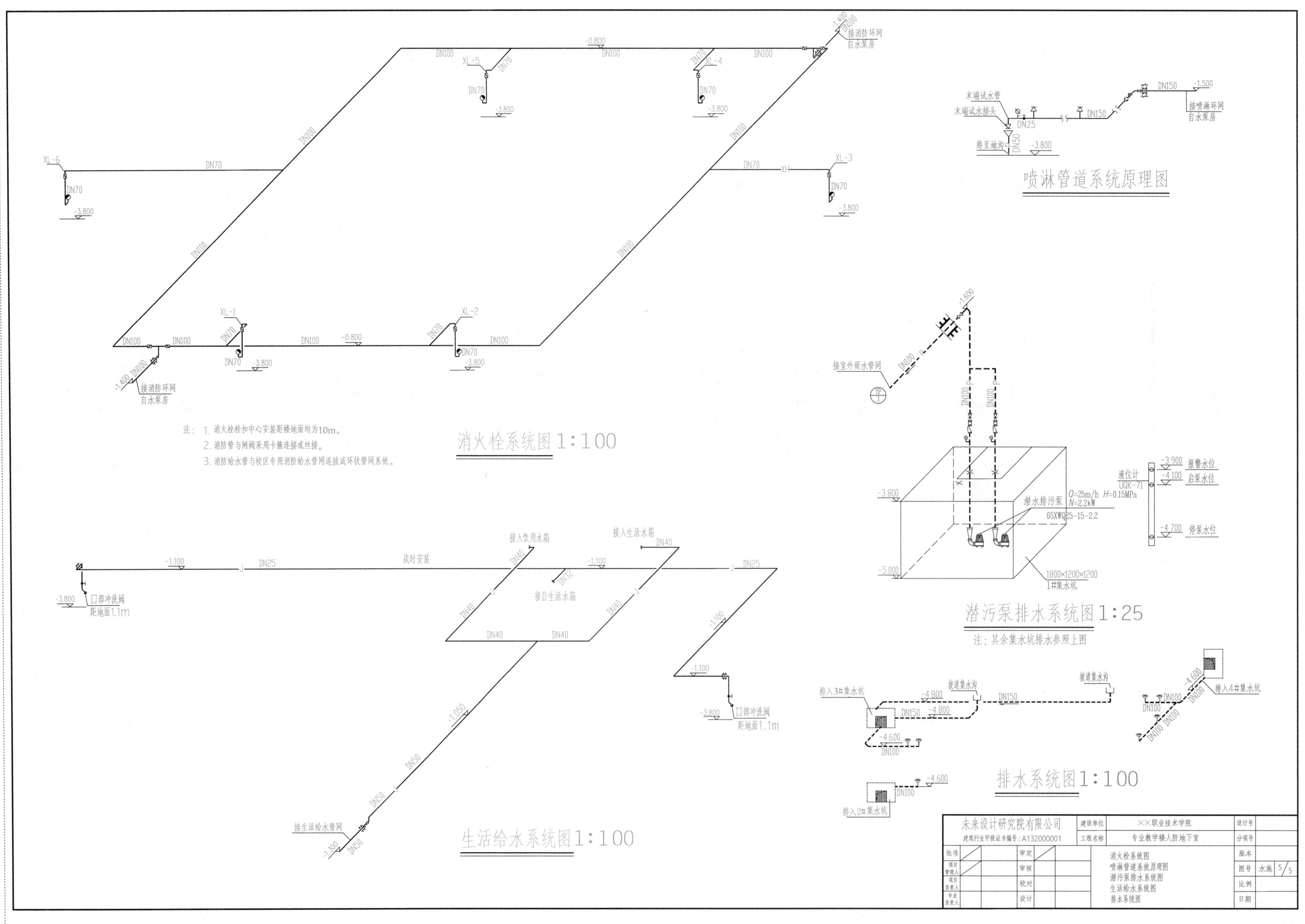
消火栓系统图1:100
注: 1. 消火栓栓口中心安装距楼地面均为1.0m。
2. 消防管与阀阀采用卡箍连接或丝接。
3. 消防给水管与校区专用消防给水管网连接成环状管网系统。
接消防环网
自水泵房
XL-1
XL-2
XL-3
XL-4
XL-5
XL-6
DN100
DN70
-0.800
-1.400
-3.800
喷淋管道系统原理图
末端试水管
末端试水接头
排至地沟
DN25
DN50
DN150
-1.500
接喷淋环网
自水泵房
潜污泵排水系统图1:25
注: 其余集水坑排水参照上图
接室外雨水管网
潜水排污泵
Q=25m/h H=0.15MPa
N=2.2kW
65XWQ25-15-2.2
1800×1200×1200
1#集水坑
液位计
UQK-71
报警水位
启泵水位
停泵水位
-1.800
-3.900
-4.100
-4.700
-5.000
生活给水系统图1:100
接入饮用水箱
接入生活水箱
战时安装
接自生活水箱
口部冲洗阀
距地面1.1m
接生活给水管网
DN25
DN32
DN40
DN50
-1.100
-1.050
-1.300
排水系统图1:100
排入2#集水坑
排入3#集水坑
排入4#集水坑
接道集水沟
-4.600
-4.800
未来设计研究院有限公司
建筑行业甲级证书编号: A132000001
建设单位
××职业技术学院
工程名称
专业教学楼人防地下室
批准
审定
审核
校对
设计
消火栓系统图
喷淋管道系统原理图
潜污泵排水系统图
生活给水系统图
排水系统图
设计号
分项号
版本
图号
水施 5/5
比例
日期

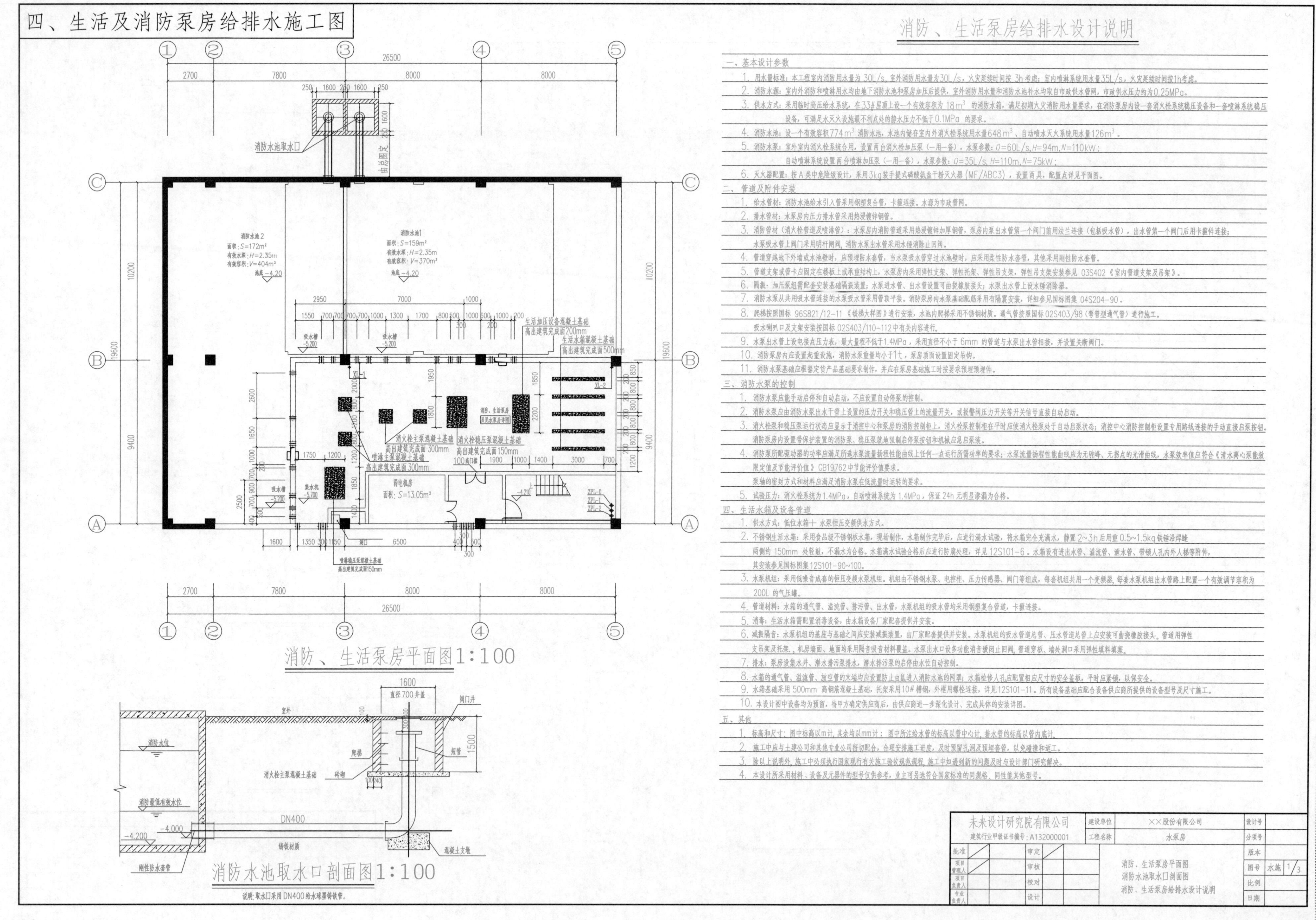
四、生活及消防泵房给排水施工图
消防、生活泵房平面图1:100
消防水池取水口剖面图1:100
说明：取水口采用DN400给水球墨铸铁管。
消防水池取水口
消防水池2
消防水池1
弱电机房
消火栓主泵混凝土基础
消火栓稳压泵混凝土基础
喷淋主泵混凝土基础
喷淋稳压泵混凝土基础
生活加压设备混凝土基础
生活水箱混凝土基础
室外
阀门井
消防水位
消防最低有效水位
DN400
柔性防水套管
混凝土支墩
消防、生活泵房给排水设计说明
一、基本设计参数
1. 用水量标准：本工程室内消防用水量为 30L/s，室外消防用水量为30L/s，火灾延续时间按 3h 考虑；室内喷淋系统用水量35L/s，火灾延续时间按1h考虑。
2. 消防水源：室内外消防和喷淋用水均由地下消防水池和泵房加压后提供，室外消防用水量和消防水池补水均取自市政供水管网，市政供水压力约为0.25MPa。
3. 供水方式：采用临时高压给水系统，在33#屋顶上设一个有效容积为 18m³ 的消防水箱，满足初期火灾消防用水量要求，在消防泵房内设一套消火栓系统稳压设备和一套喷淋系统稳压设备，可满足水灭火设施最不利点处的静水压力不低于0.1MPa 的要求。
4. 消防水池：设一个有效容积774m³ 消防水池，水池内储存室内外消火栓系统用水量648m³、自动喷水灭火系统用水量126m³。
5. 消防水泵：室外室内消火栓系统合用，设置两台消火栓加压泵（一用一备），水泵参数：Q=60L/s, H=94m, N=110kW；
自动喷淋系统设置两台喷淋加压泵（一用一备），水泵参数：Q=35L/s, H=110m, N=75kW；
6. 灭火器配置：按A类中危险级设计，采用3kg装手提式磷酸氨盐干粉灭火器(MF/ABC3)，设置两具，配置点详见平面图。
二、管道及附件安装
1. 给水管材：消防水池给水引入管采用钢塑复合管，卡箍连接。水源为市政管网。
2. 排水管材：水泵房内压力排水管采用热浸镀锌钢管。
3. 消防管材（消火栓管道及喷淋管）：水泵房内消防管道采用热浸镀锌加厚钢管，泵房内泵出水管第一个阀门前用法兰连接（包括吸水管），出水管第一个阀门后用卡箍件连接；水泵吸水管上阀门采用明杆闸阀，消防水泵出水管采用水锤消除止回阀。
4. 管道穿越地下外墙或水池壁时，应预埋防水套管，当水泵吸水管穿过水池壁时，应采用柔性防水套管，其他采用刚性防水套管。
5. 管道支架或管卡应固定在楼板上或承重结构上，水泵房内采用弹性支架、弹性托架、弹性吊支架，弹性吊支架安装参见 03S402《室内管道支架及吊架》。
6. 隔振：加压泵组需配套安装基础隔振装置；水泵进水管、出水管设置可曲挠橡胶接头；水泵出水管上设水锤消除器。
7. 消防水泵从共用吸水管连接的水泵吸水管采用管顶平接。消防泵房内水泵基础配筋采用有隔震安装，详细参见国标图集 04S204-90。
8. 爬梯按照国标 96S821/12-11《铁梯大样图》进行安装，水池内爬梯采用不锈钢材质。通气管按照国标 02S403/98（弯管型通气管）进行施工。吸水喇叭口及支架安装按国标 02S403/110-112 中有关内容进行。
9. 水泵出水管上设电接点压力表，最大量程不低于1.4MPa，采用直径不小于 6mm 的管道与水泵出水管相接，并设置关断阀门。
10. 消防泵房内应设置起重设施，消防水泵重量均小于1t，泵房顶面设置固定吊钩。
11. 消防水泵基础应根据定货产品基础要求制作，并应在泵房基础施工时按要求预埋预埋件。
三、消防水泵的控制
1. 消防水泵应能手动启停和自动启动，不应设置自动停泵的控制。
2. 消防水泵应由消防水泵出水干管上设置的压力开关和稳压管上的流量开关，或报警阀压力开关等开关信号直接自动启动。
3. 消火栓泵和稳压泵运行状态应显示于消控中心和泵房的消防控制柜上，消火栓泵控制柜在平时应使消火栓泵处于自动启泵状态；消控中心消防控制柜设置专用路线连接的手动直接启泵按钮。消防泵房内设置带保护装置的消防泵、稳压泵就地强制启停泵按钮和机械应急启泵装。
4. 消防泵所配驱动器的功率应满足所选水泵流量扬程性能曲线上任何一点运行所需功率的要求；水泵流量扬程性能曲线应为无驼峰、无拐点的光滑曲线，水泵效率值应符合《清水离心泵能效限定值及节能评价值》GB19762 中节能评价值要求。
泵轴的密封方式和材料应满足消防水泵在低流量时运转的要求。
5. 试验压力：消火栓系统为1.4MPa，自动喷淋系统为 1.4MPa，保证 24h 无明显渗漏为合格。
四、生活水箱及设备管道
1. 供水方式：低位水箱＋ 水泵恒压变频供水方式。
2. 不锈钢生活水箱：采用食品级不锈钢板水箱，现场制作，水箱制作完毕后，应进行满水试验，将水箱完全充满水，静置 2~3h 后用重 0.5~1.5kg 铁锤沿焊缝两侧约 150mm 处轻敲，不漏水为合格。水箱满水试验合格后应进行防腐处理，详见 12S101-6。水箱设有进出水管、溢流管、泄水管、带锁人孔内外人梯等附件，其安装参见国标图集 12S101-90~100。
3. 水泵机组：采用低噪音成套的恒压变频水泵机组。机组由不锈钢水泵、电控柜、压力传感器、阀门等组成，每套机组共用一个变频器，每套水泵机组出水管路上配置一个有效调节容积为200L 的气压罐。
4. 管道材料：水箱的通气管、溢流管、排污管、出水管，水泵机组的吸水管均采用钢塑复合管道，卡箍连接。
5. 消毒：生活水箱需配置消毒设备，由水箱设备厂家配套提供并安装。
6. 减振隔音：水泵机组的基座与基础之间应安装减振装置，由厂家配套提供并安装。水泵机组的吸水管道总管、压水管道总管上应安装可曲挠橡胶接头。管道用弹性支吊架及托架.，机房墙面、地面均采用隔音吸音材料覆盖。水泵出水口设多功能消音缓闭止回阀，管道穿板、墙处洞口采用弹性填料填塞。
7. 排水：泵房设集水井、潜水排污泵排水，潜水排污泵的启停由水位自动控制。
8. 水箱的通气管、溢流管、放空管的末端均应设置防止虫鼠进入消防水池的网罩；水箱检修人孔应配置相应尺寸的安全盖板，平时应紧锁，以保安全。
9. 水箱基础采用 500mm 高钢筋混凝土基础，托架采用10# 槽钢，外框用螺栓连接，详见12S101-11。所有设备基础应配合设备供应商所提供的设备型号及尺寸施工。
10. 本设计图中设备均为预留，待甲方确定供应商后，由供应商进一步深化设计、完成具体的安装详图。
五、其他
1. 标高和尺寸：图中标高以m计，其余均以mm计；图中所注给水管的标高以管中心计，排水管的标高以管内底计。
2. 施工中应与土建公司和其他专业公司密切配合，合理安排施工进度，及时预留孔洞及预埋套管，以免碰撞和返工。
3. 除以上说明外，施工中必须执行国家现行有关施工验收规范规程，施工中如遇到新的问题及时与设计部门研究解决。
4. 本设计所采用材料、设备及元器件的型号仅供参考，业主可另选符合国家标准的同规格、同性能其他型号。
未来设计研究院有限公司
建设单位 ××股份有限公司
工程名称 水泵房
消防、生活泵房平面图
消防水池取水口剖面图
消防、生活泵房给排水设计说明
图号 水施 1/3

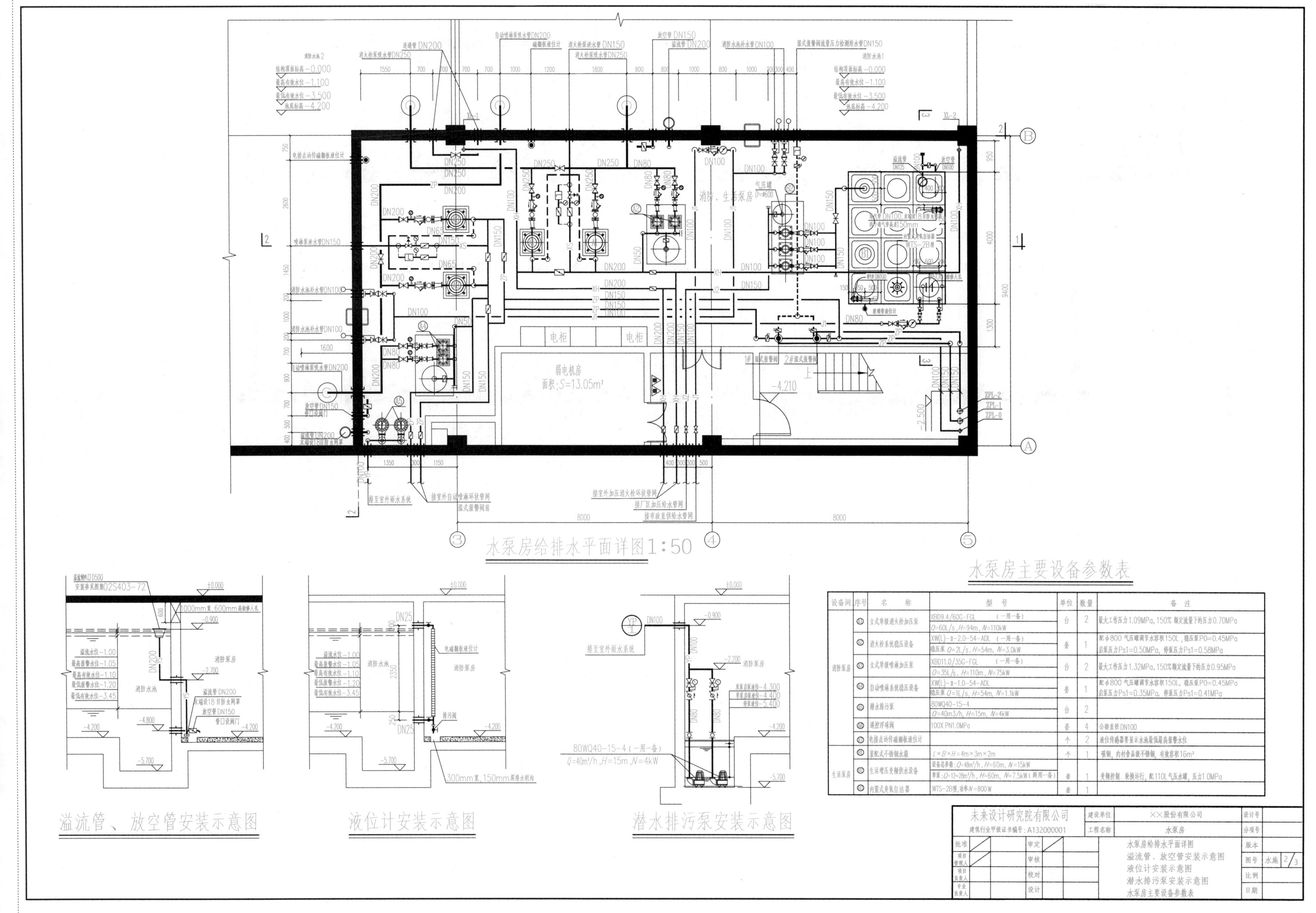

水泵房主要设备参数表

设备间	序号	名称	型号	单位	数量	备注
消防泵房	A1	立式单级消火栓加压泵	XBD9.4/60G-FGL（一用一备） Q=60L/s，H=94m，N=110kW	台	2	最大工作压力1.09MPa，150%额定流量下的压力0.70MPa
	A2	消火栓系统稳压设备	XW(L)-Ⅱ-2.0-54-ADL（一用一备） 稳压泵 Q=2L/s，H=54m，N=3.0kW	套	1	配φ800气压罐调节水容积150L，稳压泵P0=0.45MPa 启泵压力Ps1=0.50MPa，停泵压力Ps1=0.58MPa
	A3	立式单级喷淋加压泵	XBD11.0/35G-FGL（一用一备） Q=35L/s，H=110m，N=75kW	台	2	最大工作压力1.32MPa，150%额定流量下的压力0.95MPa
	A4	自动喷淋系统稳压设备	XW(L)-Ⅱ-1.0-54-ADL 稳压泵 Q=1L/s，H=54m，N=1.1kW	套	1	配φ800气压罐调节水容积150L，稳压泵P0=0.45MPa 启泵压力Ps1=0.35MPa，停泵压力Ps1=0.41MPa
	A5	潜水排污泵	80WQ40-15-4 Q=40m3/h，H=15m，N=4kW	台	2	
	A6	遥控浮球阀	100X PN1.0MPa	套	4	公称直径DN100
	A7	电接点远传磁翻板液位计		个	2	液位传感器要显示水池最低最高报警水位
生活泵房	B1	装配式不锈钢水箱	$L\times B\times H$=4m×3m×2m	个	1	碳钢，内衬食品级不锈钢，有效容积16m³
	B2	生活增压变频供水设备	设备总参数：Q=48m³/h，H=60m，N=15kW 单泵：Q=12~28m³/h，H=60m，N=7.5kW（两用一备）	套	1	变频控制，轮换运行，配110L气压水罐，压力1.0MPa
	B3	内置式臭氧自洁器	WTS-2B型，功率N=800W	套	1	

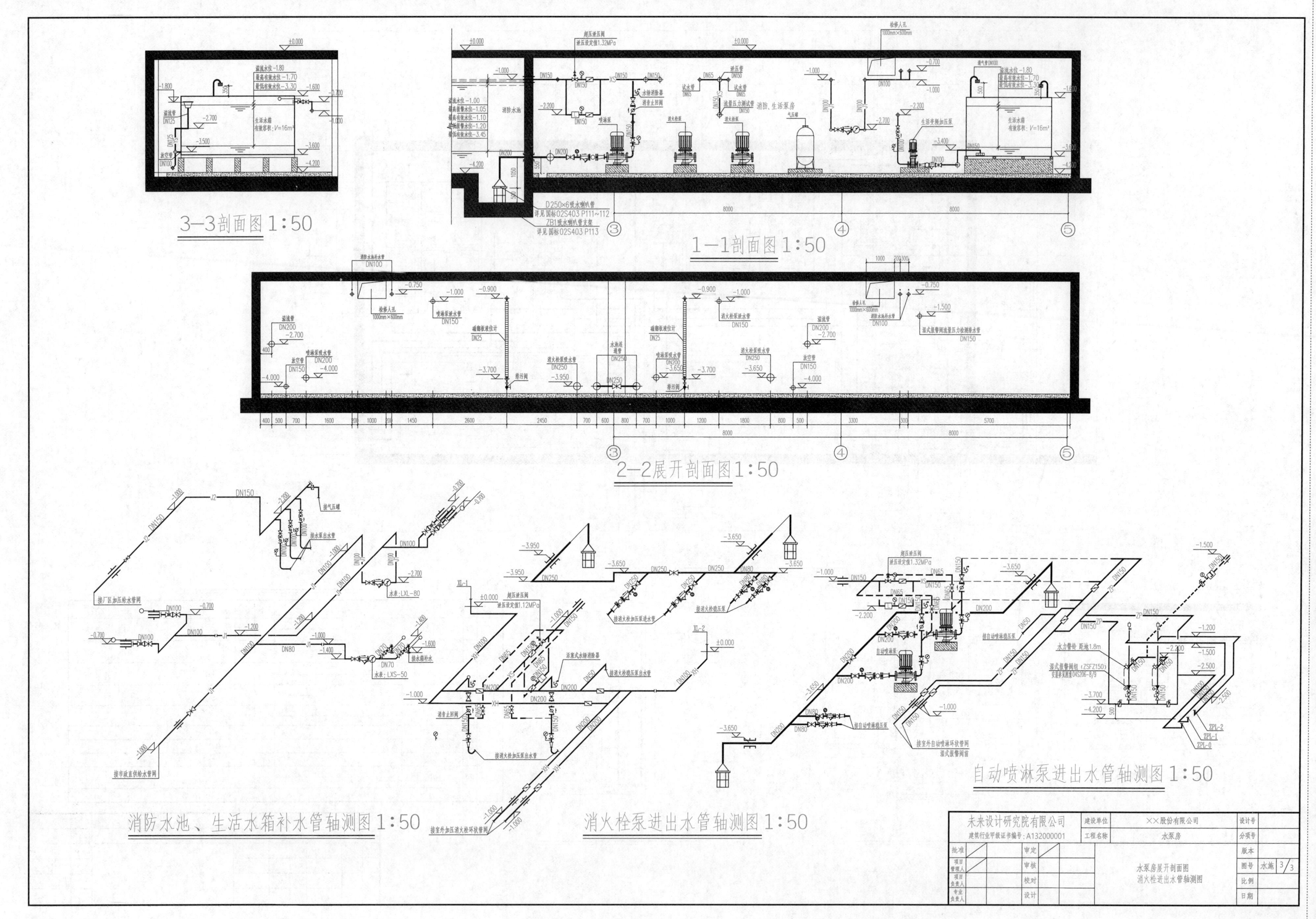
3—3剖面图 1:50
1—1剖面图 1:50
2—2展开剖面图 1:50
消防水池、生活水箱补水管轴测图 1:50
消火栓泵进出水管轴测图 1:50
自动喷淋泵进出水管轴测图 1:50
未来设计研究院有限公司
建筑行业甲级证书编号：A132000001
建设单位
××股份有限公司
工程名称
水泵房
水泵房展开剖面图
消火栓进出水管轴测图
图号 水施 3/3

五、高层住宅通风排烟施工图（含地下室）

设计施工说明

一、工程概况

本工程为某房地产开发有限公司国际花园4号楼项目。本建筑为住宅，地上三十层，地下一层为自行车库。

本工程设计内容包括住宅楼防排烟设计、地下自行车库通风设计。

二、设计依据

1.《民用建筑供暖通风与空气调节设计规范》GB 50736-2012；

2.《建筑设计防火规范》GB 50016-2014（2018版）；

3.《建筑防烟排烟系统技术标准》GB 51251-2017；

4.《公共建筑节能设计标准》GB 50189-2015；

5.《通风与空调工程施工质量验收规范》GB 50243-2016；

6. 建设单位设计委托任务书；

7. 建筑专业及其他专业提供的相关设计文件。

三、设计简介

1. 地下自行车库设置机械排风系统。排风量按其体积的3次/h换气计算，利用车道自然补风。

2. 合用前室采用自然排烟。剪刀楼梯间两座楼梯分别设置正压送风系统，其中SF-1系统仅承担一座地上部分楼梯间正压送风，楼梯间隔层设置自垂百叶风口；SF-2系统承担另一座地上部分楼梯间及地下部分楼梯间正压送风，楼梯间隔层设置常闭多叶送风口，选用双速送风机，地下部分火灾时风机低速运转，地上部分火灾时风机高速运转，地上与地下部分风口分别与风机联动。正压送风机均设于屋面，通过混凝土风道与风机相连。

3. 电梯机房间设置机械通风系统，换气量按15次/h计算。

四、风管制作及安装

1. 所有空调风管、通风管道及排烟管均采用镀锌钢板制作，钢板厚度规格见下表。

风管材料	镀锌薄钢板					
长边尺寸(mm)	100~320	400~630	800~1000	1250~2000	>2000	备 注
钢板厚度(mm)	0.5	0.6	0.75	1.0	1.2	用于通风空调系统
钢板厚度(mm)	0.75	0.75	1.0	1.2	1.6	用于排烟系统
备 注	1. 与防火阀连接穿越防火墙前后200mm的穿墙管壁为2mm。					
	2. 穿越变形缝及防火卷帘两侧的防火阀之间的风管管壁为2mm。					
	3. 防火阀安装距防火墙表面不大于200mm。					
制 作	镀锌钢板要求采用咬口机加工制作。					

2. 矩形风管边长大于630mm均应采取加固措施，加固方法可根据需要采用楞筋、立筋、扁钢、加固筋及管内支架等。

3. 风管支吊架间距水平安装时，直径或边长≤400mm，间距不大于4m；直径或边长>400mm，间距不大于3m；垂直安装时，间距不大于4m，单根直管至少应有两个固定点。风管支吊架形式、用料规格详见国标03K132。风管支吊架不得设置在风口、阀门、检查门及自控机构处，吊杆不宜直接固定在法兰上。

4. 各类风阀应安装在便于操作的部位。防火阀安装时方向位置应正确，易熔件应迎气流方向，安装后应做动作试验，其阀板的启闭应灵活，动作应可靠，并单独设支吊架。排烟阀（口）及手控装置（包括预埋导管）的位置应符合设计要求，预埋管不应有死弯及瘪陷。排烟阀安装后应做动作试验，手动、电动操作应灵活、可靠，阀板关闭时应严密。

5. 防火阀、防排烟阀（口）必须符合有关消防产品的规定，并有相应的产品合格证明文件。

6. 排烟或排烟兼排风系统的柔性接头均采用硅钛合成高温耐火软接，柔性接头长度一般为150~200mm，设于变形缝的柔性接头两边采用75mm宽镀锌钢板锁边，在接头处严禁变径。

7. 通风机传动装置的外露部分及通风机直通大气的进出口必须装设防护罩网或采取其它安全措施。

8. 所有砖砌及混凝土风道应与暖通施工配合，做到严密不漏风，内表面必须平整光滑。

9. 风管上可拆卸接口不得设置在墙体或楼板内。

五、工程验收

工程竣工验收按《通风与空调工程施工质量验收规范》GB 50243-2016执行。

六、主要设备明细表

序号	名称	规格、型号	单位	数量	备注
1	排风机	HL3-2A No6A 低噪声混流式风机 风量6846m^3/h 全压342Pa 转速960rpm 功率1.5kW	台	1	Ws=0.12
2	壁式通风机	DZ-11 No2.2C 风量400m^3/h 功率25W 转速1450rpm	只	2	
3	正压送风机	SWF-I No.7混流式(斜流式)风机 风量31380m^3/h 全压608Pa 转速1450rpm 功率11kW	台	1	sf-1系统
4	正压送风机	SWF-II No.7混流式(斜流式)风机 风量31380/19011m^3/h 全压608/426Pa 转速1450/960rpm 功率12/4kW	台	1	sf-2系统
5	消声器	T701-2矿棉管式消声器 L=1000mm	只	1	
6	自垂百叶风口	400×320(H)	只	30	
7	多叶送风口	400×320(H)	只	30	
8	多叶送风口	900×900(H)	只	2	配防火阀
9	防火阀	FH-FHT ⌀675	只	2	
10	格栅排风口	450×160 配对开多叶调节阀	只	22	

图纸目录

序号	图号		图纸名称	图幅	比例
1	暖施	1/8	设计施工说明 图纸目录		
2	暖施	2/8	正压送风系统图		
3	暖施	3/8	地下层通风平面图		
4	暖施	4/8	一层通风平面图		
5	暖施	5/8	二层通风平面图		
6	暖施	6/8	标准层通风平面图		
7	暖施	7/8	屋顶层通风平面图		
8	暖施	8/8	电梯机房层通风平面图 水箱屋顶层平面图 A—A剖面图 B—B剖面图		

未来设计研究院有限公司 建筑行业甲级证书编号：A132000001				建设单位	某房地产开发有限公司	设计号	
				工程名称	国际花园4#楼	分项号	
批准		审定		设计施工说明 图纸目录		版本	
项目管理人		审核				图号	暖施 1/8
项目负责人		校对				比例	
专业负责人		设计				日期	

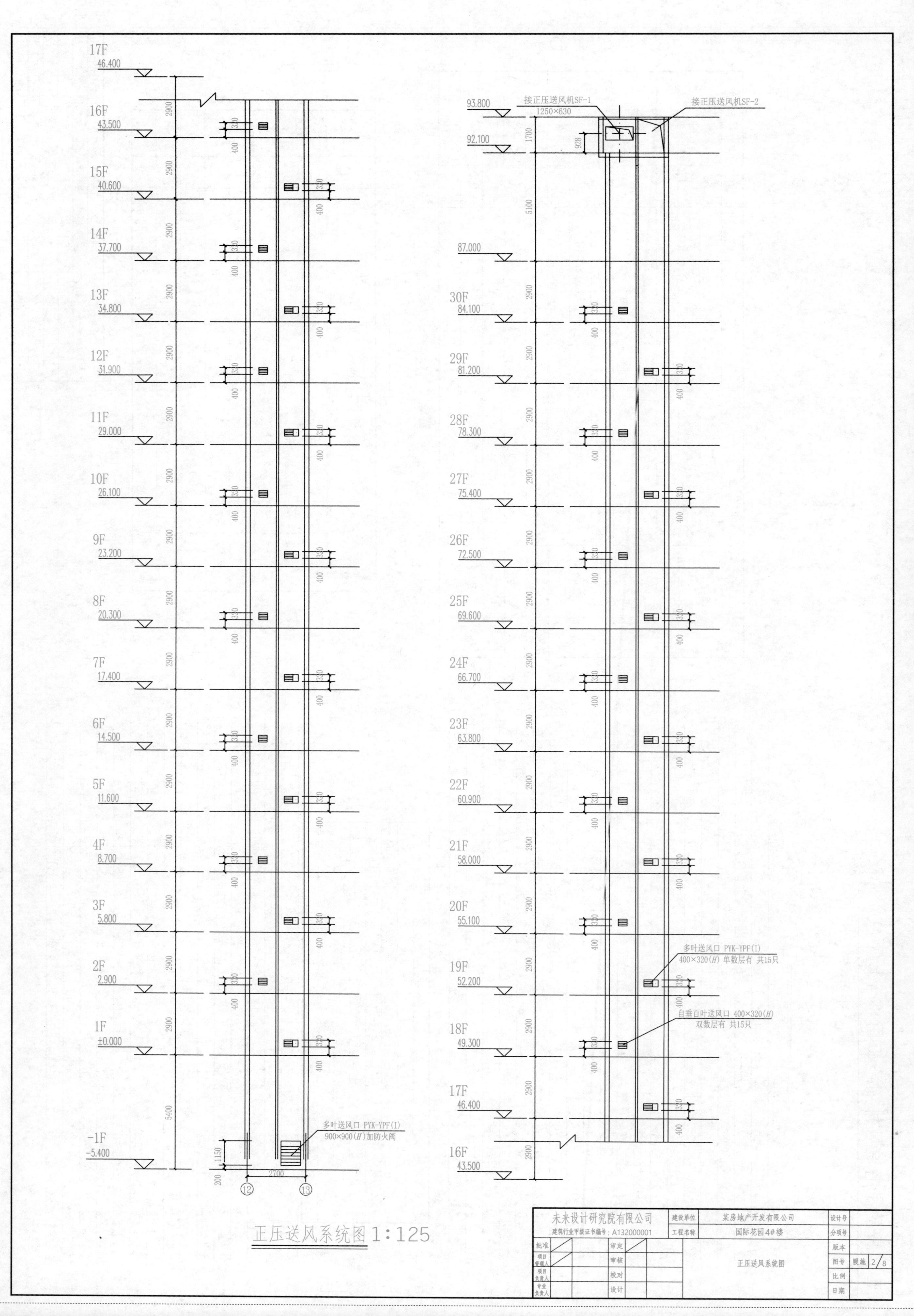

接正压送风机SF-1
1250×630
接正压送风机SF-2
多叶送风口 PYK-YPF(I)
400×320(H) 单数层有 共15只
自垂百叶送风口 400×320(H)
双数层有 共15只
多叶送风口 PYK-YPF(I)
900×900(H)加防火阀
正压送风系统图1:125
未来设计研究院有限公司
建筑行业甲级证书编号：A132000001
建设单位
某房地产开发有限公司
工程名称
国际花园4#楼
正压送风系统图
暖施 2/8

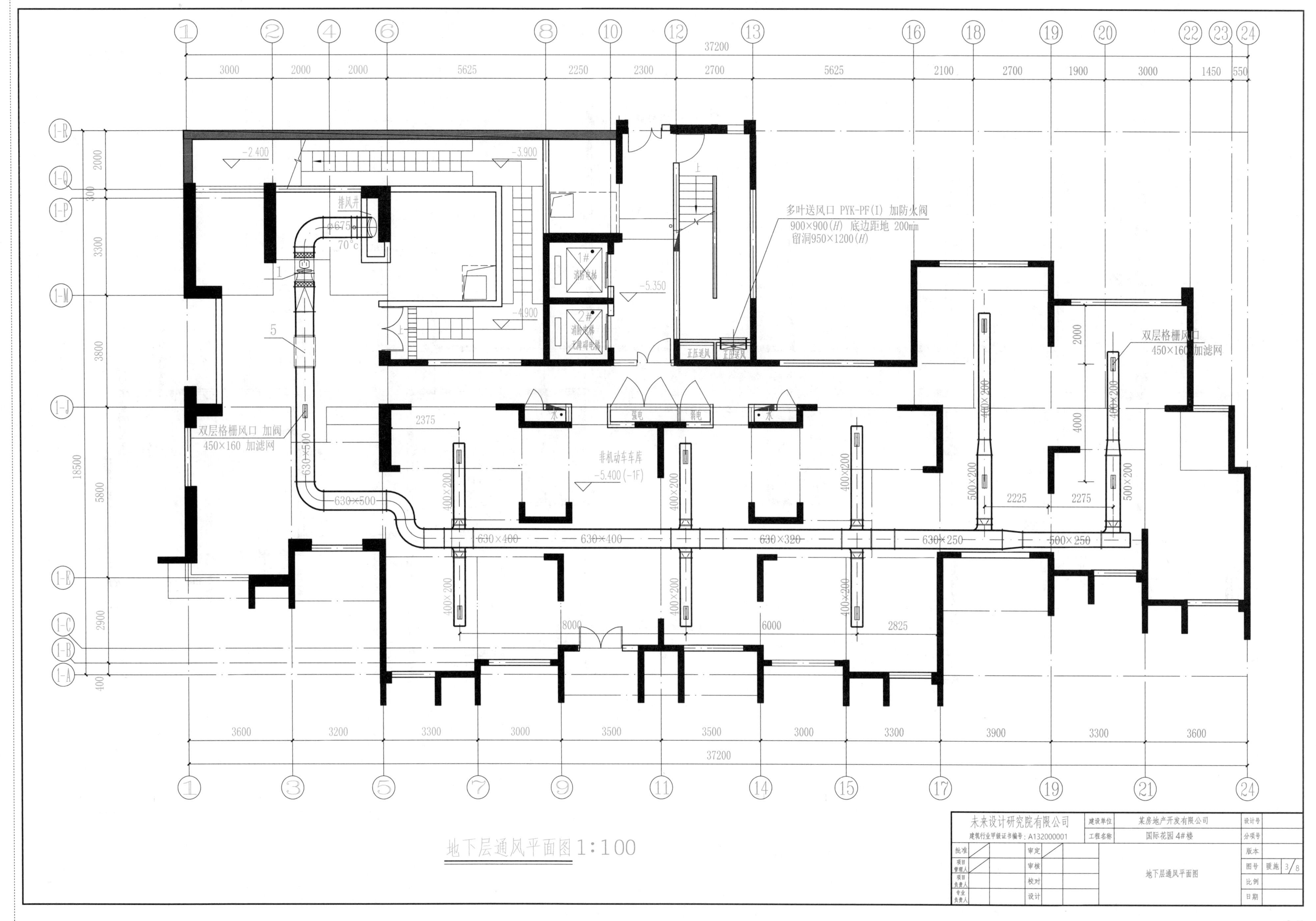
多叶送风口 PYK-PF(I) 加防火阀
900×900(H) 底边距地 200mm
留洞950×1200(H)
双层格栅风口
450×160 加滤网
双层格栅风口 加阀
450×160 加滤网
排风井
φ675
70°c
非机动车车库
-5.400(-1F)
630×500
630×400
630×320
630×250
500×250
400×200
500×200
正压送风
消防电梯
无障碍电梯
强电
弱电
水
地下层通风平面图 1:100
未来设计研究院有限公司
建筑行业甲级证书编号：A132000001
建设单位
某房地产开发有限公司
工程名称
国际花园 4#楼
地下层通风平面图
批准
审定
审核
校对
设计
设计号
分项号
版本
图号
暖施
比例
日期

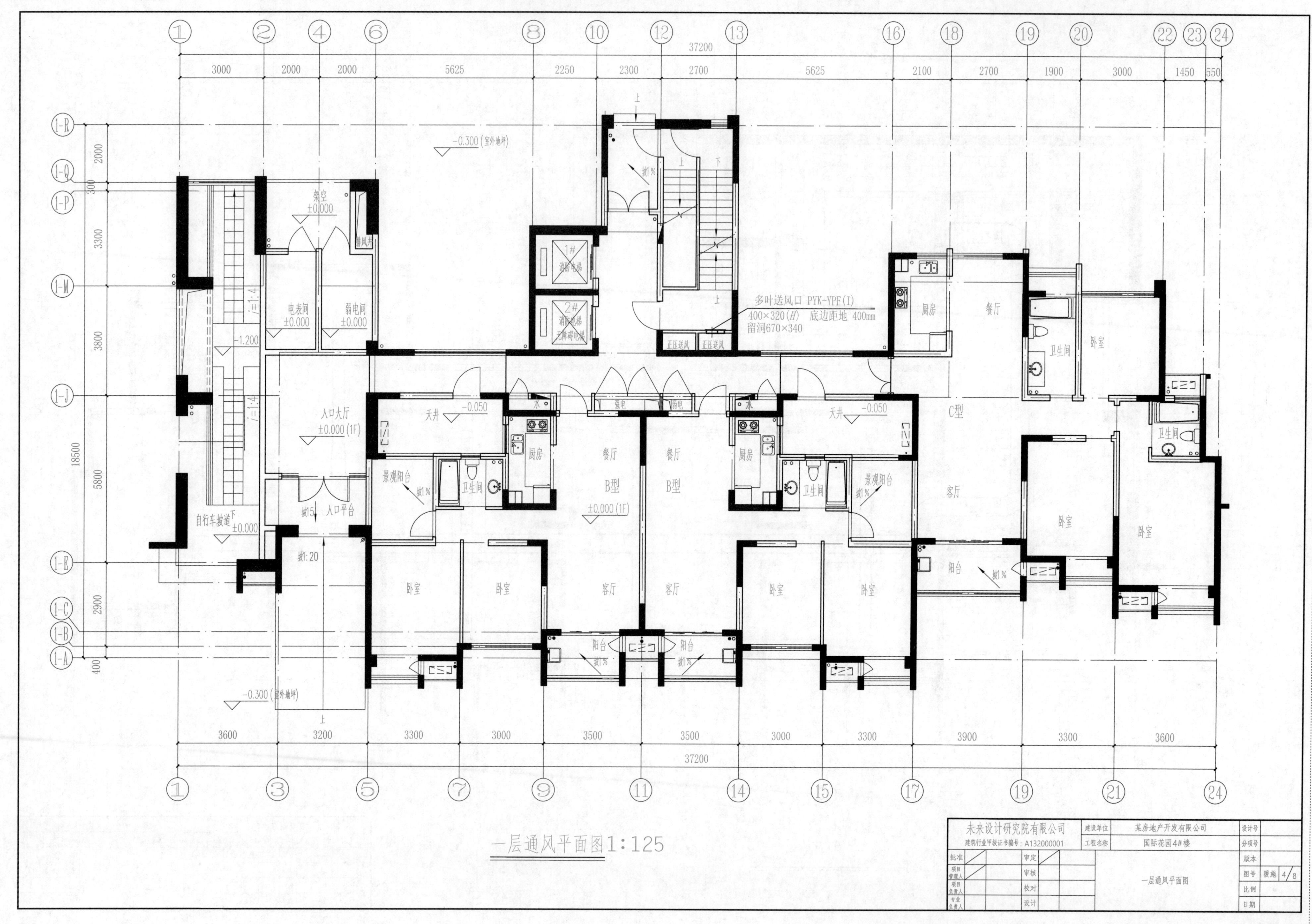

一层通风平面图1:125

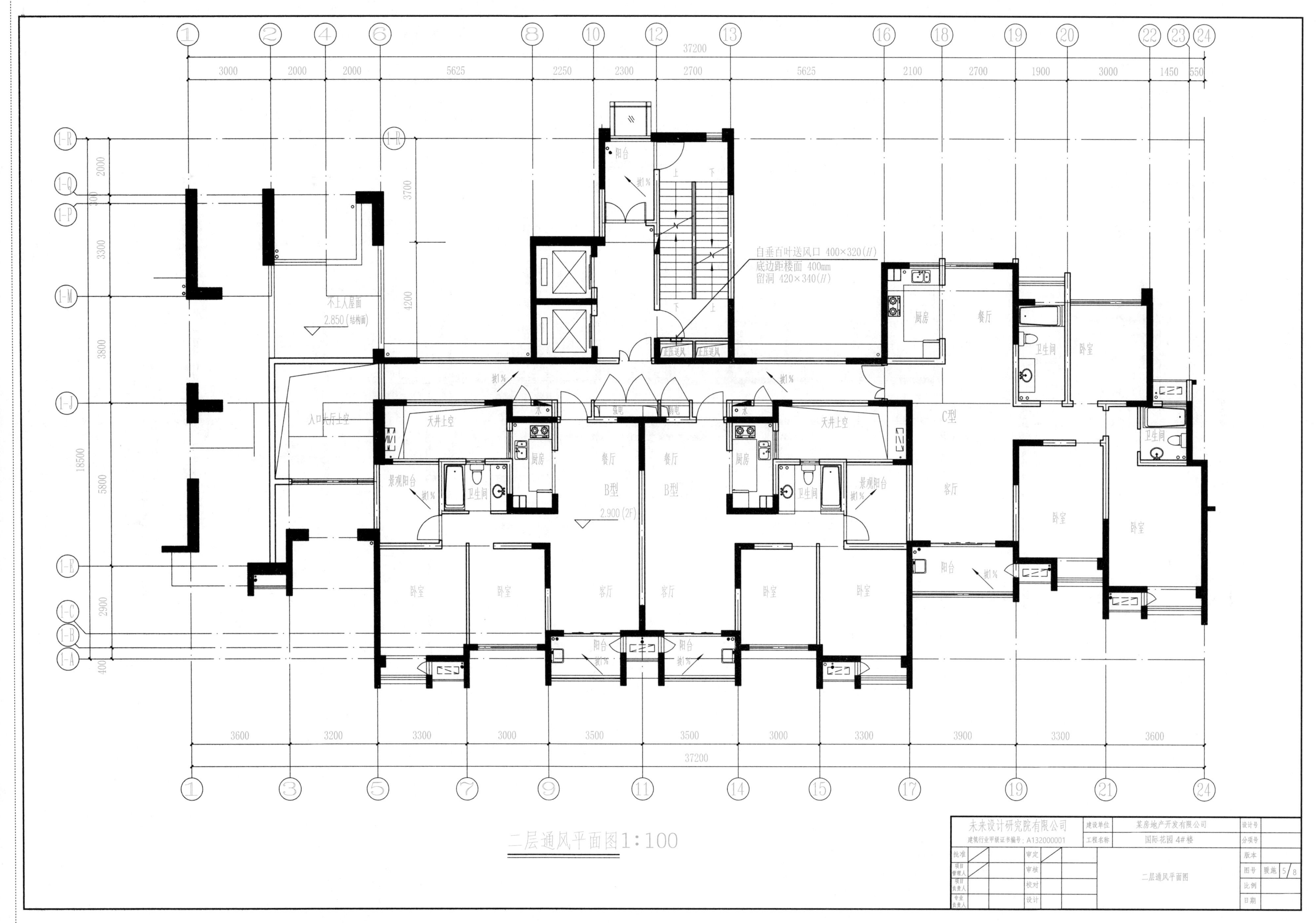

自垂百叶送风口 400×320(H)
底边距楼面 400mm
留洞 420×340(H)
不上人屋面
2.850(结构面)
入口大厅上空
天井上空
厨房
餐厅
卫生间
卧室
客厅
阳台
景观阳台
B型
C型
2.900(2F)
坡1%
正压送风
37200
二层通风平面图1:100
未来设计研究院有限公司
建筑行业甲级证书编号：A132000001
建设单位
某房地产开发有限公司
工程名称
国际花园 4#楼
批准
审定
审核
校对
设计
项目管理人
项目负责人
专业负责人
二层通风平面图
设计号
分项号
版本
图号
暖施
5/8
比例
日期

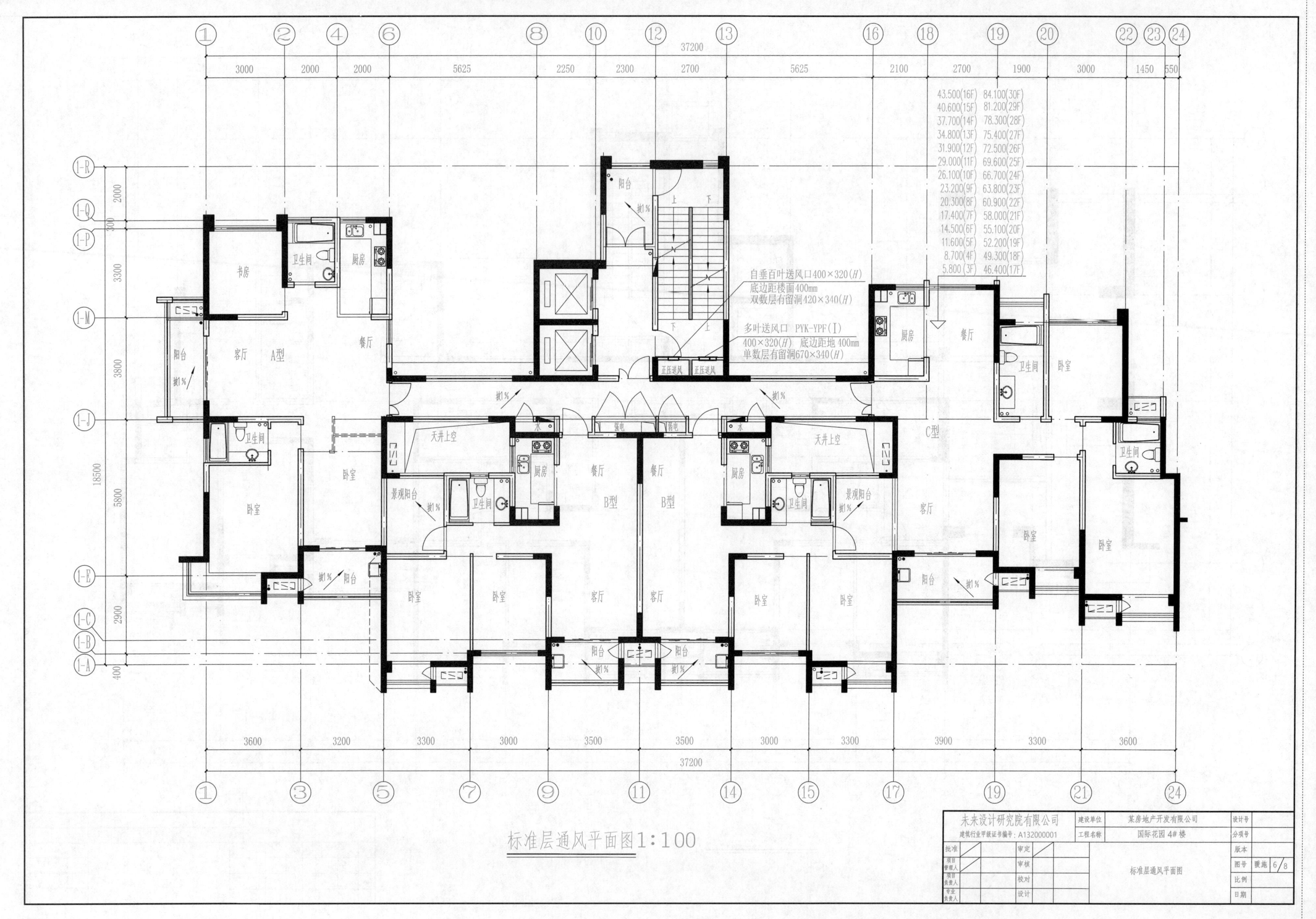

37200
3000
2000
2000
5625
2250
2300
2700
5625
2100
2700
1900
3000
1450
550
43.500(16F) 84.100(30F)
40.600(15F) 81.200(29F)
37.700(14F) 78.300(28F)
34.800(13F) 75.400(27F)
31.900(12F) 72.500(26F)
29.000(11F) 69.600(25F)
26.100(10F) 66.700(24F)
23.200(9F) 63.800(23F)
20.300(8F) 60.900(22F)
17.400(7F) 58.000(21F)
14.500(6F) 55.100(20F)
11.600(5F) 52.200(19F)
8.700(4F) 49.300(18F)
5.800(3F) 46.400(17F)
自垂百叶送风口400×320(H)
底边距楼面400mm
双数层有留洞420×340(H)
多叶送风口 PYK-YPF(Ⅰ)
400×320(H) 底边距地 400mm
单数层有留洞670×340(H)
正压送风
阳台
上
下
书房
卫生间
厨房
客厅
A型
餐厅
卧室
天井上空
景观阳台
B型
C型
强电
弱电
3600
3200
3300
3000
3500
3500
3000
3300
3900
3300
3600
37200
标准层通风平面图1:100
未来设计研究院有限公司
建筑行业甲级证书编号：A132000001
建设单位
某房地产开发有限公司
工程名称
国际花园 4# 楼
设计号
分项号
版本
图号
暖施 6/8
比例
日期
批准
审定
审核
校对
设计
项目管理人
项目负责人
专业负责人
标准层通风平面图

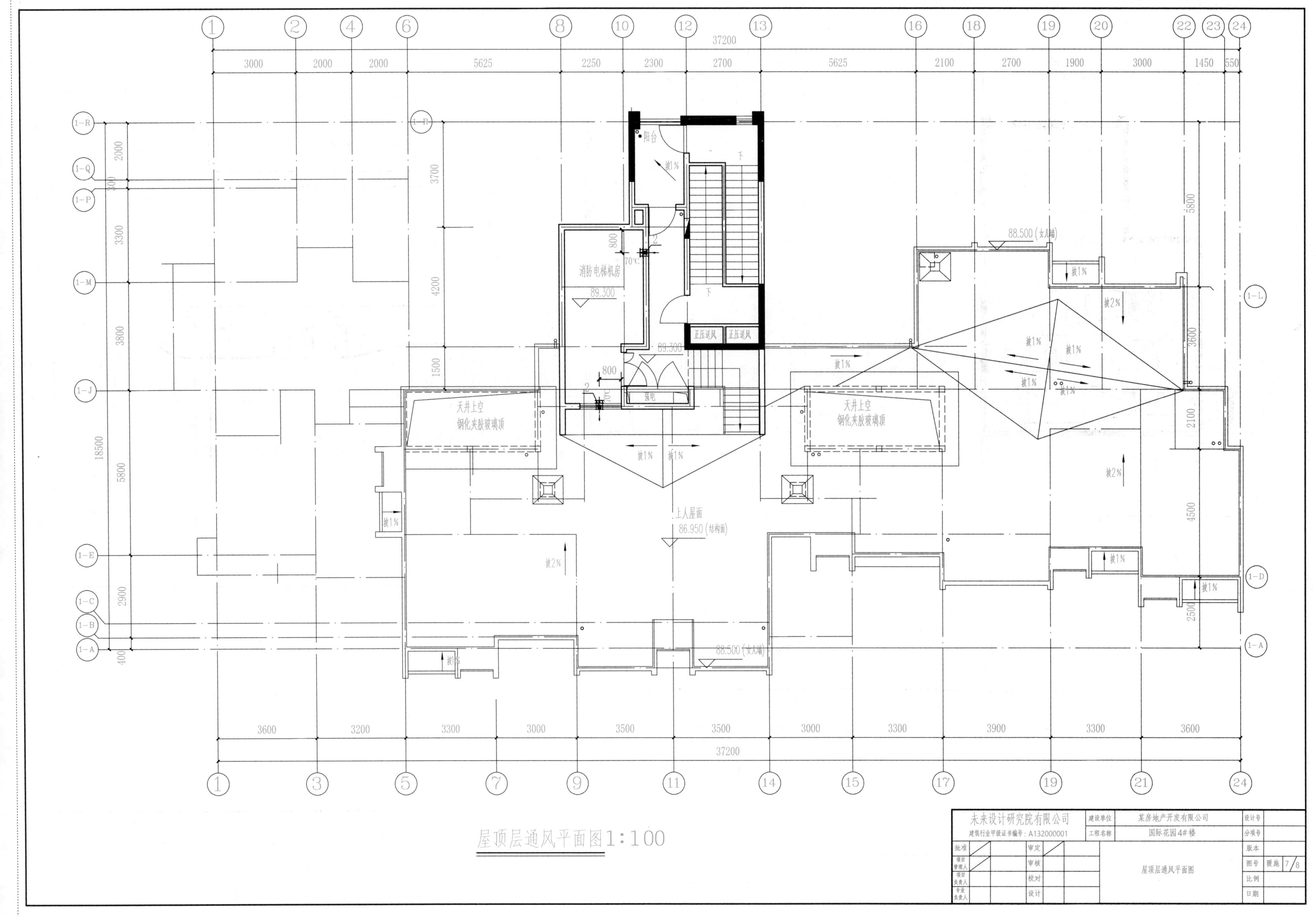
屋顶层通风平面图1:100
未来设计研究院有限公司
建筑行业甲级证书编号：A132000001
建设单位
某房地产开发有限公司
工程名称
国际花园4#楼
屋顶层通风平面图
消防电梯机房
天井上空
钢化夹胶玻璃顶
上人屋面
86.950（结构面）
88.500（女儿墙）
89.300
阳台
正压送风
37200

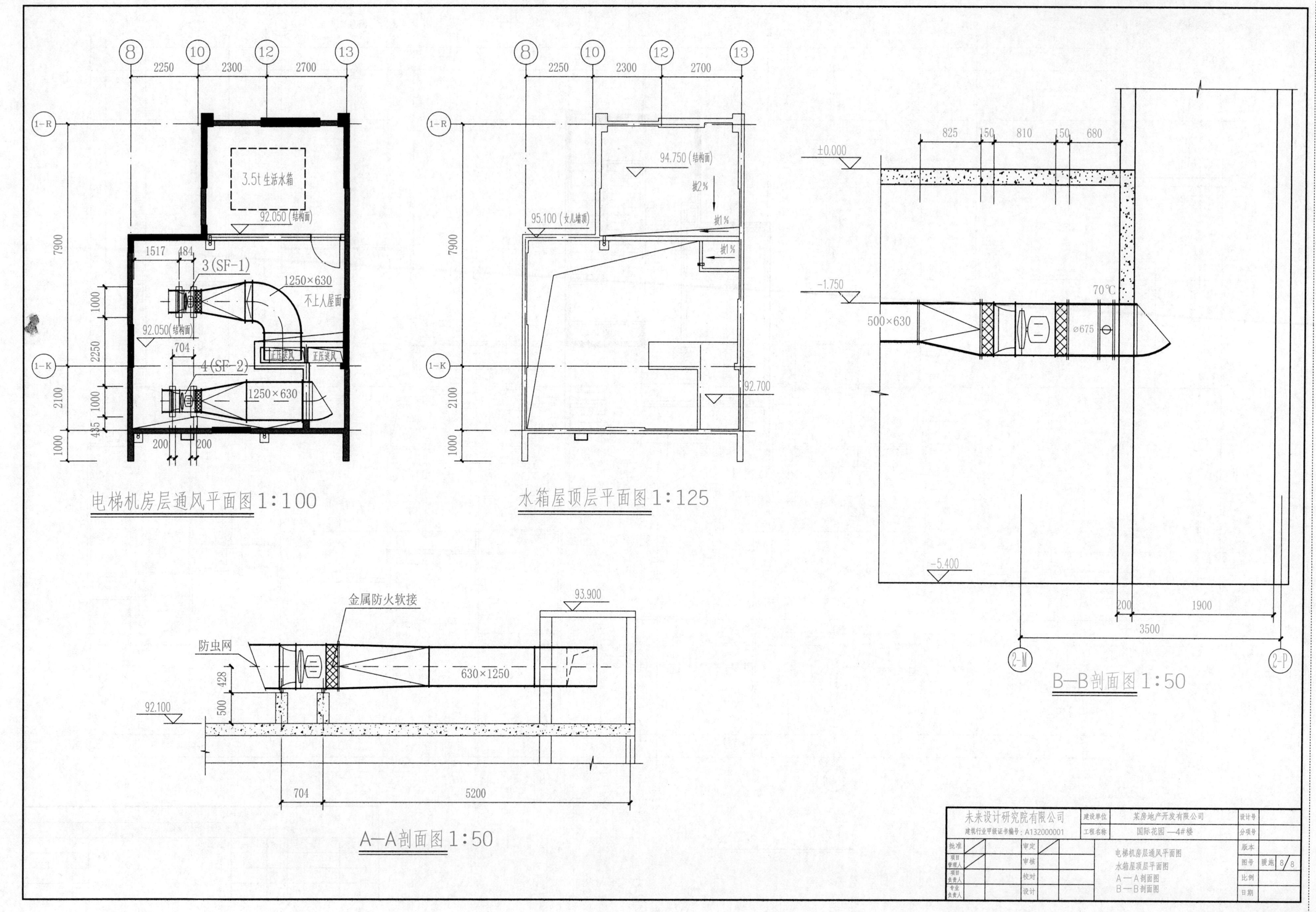

电梯机房层通风平面图 1:100
3.5t生活水箱
92.050（结构面）
3(SF-1)
4(SF-2)
1250×630
不上人屋面
正压送风
1517
484
704
200
2250
2300
2700
7900
1000
2100
435
水箱屋顶层平面图 1:125
94.750（结构面）
95.100（女儿墙顶）
坡2%
坡1%
92.700
B—B剖面图 1:50
±0.000
−1.750
−5.400
500×630
70℃
⌀675
825
150
810
680
1900
3500
A—A剖面图 1:50
金属防火软接
防虫网
630×1250
93.900
92.100
428
500
5200
未来设计研究院有限公司
建筑行业甲级证书编号：A132000001
建设单位
某房地产开发有限公司
工程名称
国际花园—4#楼
批准
审定
审核
校对
设计
项目管理人
项目负责人
专业负责人
电梯机房层通风平面图
水箱屋顶层平面图
A—A剖面图
B—B剖面图
设计号
分项号
版本
图号
暖施
8/8
比例
日期

六、综合楼暖通施工图

设计与施工说明

一、工程概况

本工程为某钢铁有限公司综合楼空调工程，建筑面积约6300m²，共三层。一、二层为大餐厅及包厢，三层为大会议室。

二、设计依据

1.《民用建筑供暖通风与空气调节设计规范》(GB 50736—2012)。

2.《建筑设计防火规范》(GB 50016—2014)(2018版)。

3. 国家现行其他有关设计规范。

三、主要设计气象参数

1. 地理纬度：北纬34°17′。

2. 空调室外计算干球温度：冬季T_{WK}=−5℃，夏季T_{Wg}=34.6℃。

3. 夏季空调室外计算湿球温度：T_{WS}=28.6℃，夏季通风室外计算温度T=32℃。

4. 冬季空调室外计算相对湿度75%，冬季通风室外计算温度T=2℃。

5. 大气压力：冬季1025.9hPa，夏季1004.9hPa。

四、空调房间的设计条件

房间名称	夏季			冬季			新风量[m³/(h·人)]	噪声声级[dB(A)]
	温度(℃)	相对湿度(%)	平均风速(m/s)	温度(℃)	相对湿度(%)	平均风速(m/s)		
大餐厅	26~28	<65	0.20	16~18	>40	0.20	20	40~50
包厢	26~28	<65	0.15	18~20	>40	0.15	25	35~40
会议室	26~28	<65	0.25	16~18	—	0.15	20	35~40

五、设计简介

1. 冷热源和空调水系统：空调系统冷热水管均从地沟由主楼接入，制冷工况供回水温度为7℃和12℃，制热工况供回水温度为50℃和60℃。

2. 室内系统大餐厅采用吊顶风柜处理新回风，低速风管送风的空调方式；包厢采用风机盘管加新风的空调方式，风机盘管和新风机组均设于吊顶内。大会议室采用组合式空调器集中处理新回风，低速风管送风的空调方式，组合式空调器置于空调机房内。

3. 通风系统：空调区内的卫生间均设机械排风，换气量为10~15次/h。

KTV大餐厅及包厢均设机械排风，排风量为新风量的70%~80%。

六、管材与连接

(一)空调水管

1. 当管径DN≤70mm时，采用镀锌钢管丝扣连接，当DN>70mm时，采用无缝钢管焊接或法兰连接。

2. 保温：a. 空调供回水管均采用离心玻璃棉保温，室内管道采用夹筋铝箔做保护层，室外管道采用玻璃钢铝箔做保护层，保温材料厚度为50mm。冷凝水管采用同上材料，保温材料厚度为20mm。

b. 管道的支吊架应在保温层外，水管与支吊架之间应镶以防腐木块，管道穿墙或楼板处应设套管，保温层不能间断。

3. 防腐：管道支架外刷二道红丹防锈漆，再加一道橘黄色面漆。

4. 水管支吊架：管道支吊架的具体形式，设置位置根据现场情况确定。水平管支吊架最大允许间距见下表。

公称直径(mm)	最大跨距(m)	公称直径(mm)	最大跨距(m)	公称直径(mm)	最大跨距(m)
15~20	2.0	65~80	4.0	125	5.0
32~50	3.0	100	4.5	150	6.0

5. 清洗与试压：各种水管在施工安装前必须清除管内垃圾，试压前水管至少应清洗排放二次，直至排出水清为止，水系统试压应在保温施工前进行，试验压力为10kgf/cm²，10分钟内压降小于0.2kgf/cm²，不渗不漏为合格。

(二)空调风管

1. 空调风管采用聚氨酯铝箔复合风管板材制作，厚度为20mm，PVC纵向法兰连接，法兰大小按规范选用。

2. 风管支吊架：风管支吊架宜采用膨胀螺栓固定，一般以横向固定在梁上为宜，安装单位可视现场情况确定具体形式和位置。吊顶风柜等空调设备应独立设置支吊架，做法参见国标T607，水平吊架间距：当风管长边400mm以下，最大跨距3.0m；当风管长边400mm以上，最大跨距2.0m。

七、其他

1. 图中未注明的风机盘管进出水管管径均为DN20，与盘管连接的供回水支管上均设铜质球阀，不锈钢软接头，进水管上设铜质水过滤器，与吊顶式新风机组连接的进出水支管上应设截止阀，软接头，进水管上设水过滤器。

2. 吊顶内的有关阀门为了便于调节，应在相应的位置上提醒装修单位预留手孔，有关设备如风机盘管应考虑其更换的可能性。

3. 图中所注水管标高均为水管中心标高，风管标高为管底标高。

八、工程验收

工程竣工验收按《通风与空调工程施工质量验收规范》(GB 50243—2016)执行。

主要设备明细表

序号	名称	规格、型号	单位	数量	备注
1	吊顶式空调机组	G3X2-D6 风量6000m³/h 余压255Pa 额定冷量56.0kW 6排换热器	台	9	N=0.55X2kW
2	吊顶式空调机组	G3-D6 风量3000m³/h 余压255Pa 额定冷量28.0kW 6排换热器	台	1	N=0.55kW
3	吊顶式新风机组	G3-D4 风量3000m³/h 余压290Pa 额定冷量16.9kW 4排换热器	台	2	N=0.55kW
4	风机盘管	FP10 39台 FP12.5 11台	台	50	
5	排气扇	JM-40F 换气量400m³/h 静压230Pa	台	28	N=35W
6	排气扇	JM-20F 换气量200m³/h 静压90Pa	台	4	N=25W
7	排气扇	JM-908F 换气量165m³/h 静压180Pa	台	21	N=23W
8	组合式空调机组	ZKW-60-J 风量60000m³/h 全压1059Pa 额定冷量510kW 8排换热器	台	1	N=30kW

图纸目录

序号	图号		图纸名称	图幅	备注
1	暖施	1/5	设计与施工说明 主要设备明细表 图纸目录	A1	
2	暖施	2/5	一层空调平面图	A1	
3	暖施	3/5	二层空调平面图	A1	
4	暖施	4/5	三层空调平面图	A1	
5	暖施	5/5	剖面图 水系统立管图	A1	

未来设计研究院有限公司 建筑行业甲级证书编号：A132000001				建设单位	某钢铁有限公司	设计号	
				工程名称	综合楼	分项号	
批准		审定		设计与施工说明 主要设备明细表 图纸目录		版本	
项目管理人		审核				图号	暖施 1/5
项目负责人		校对				比例	
专业负责人		设计				日期	

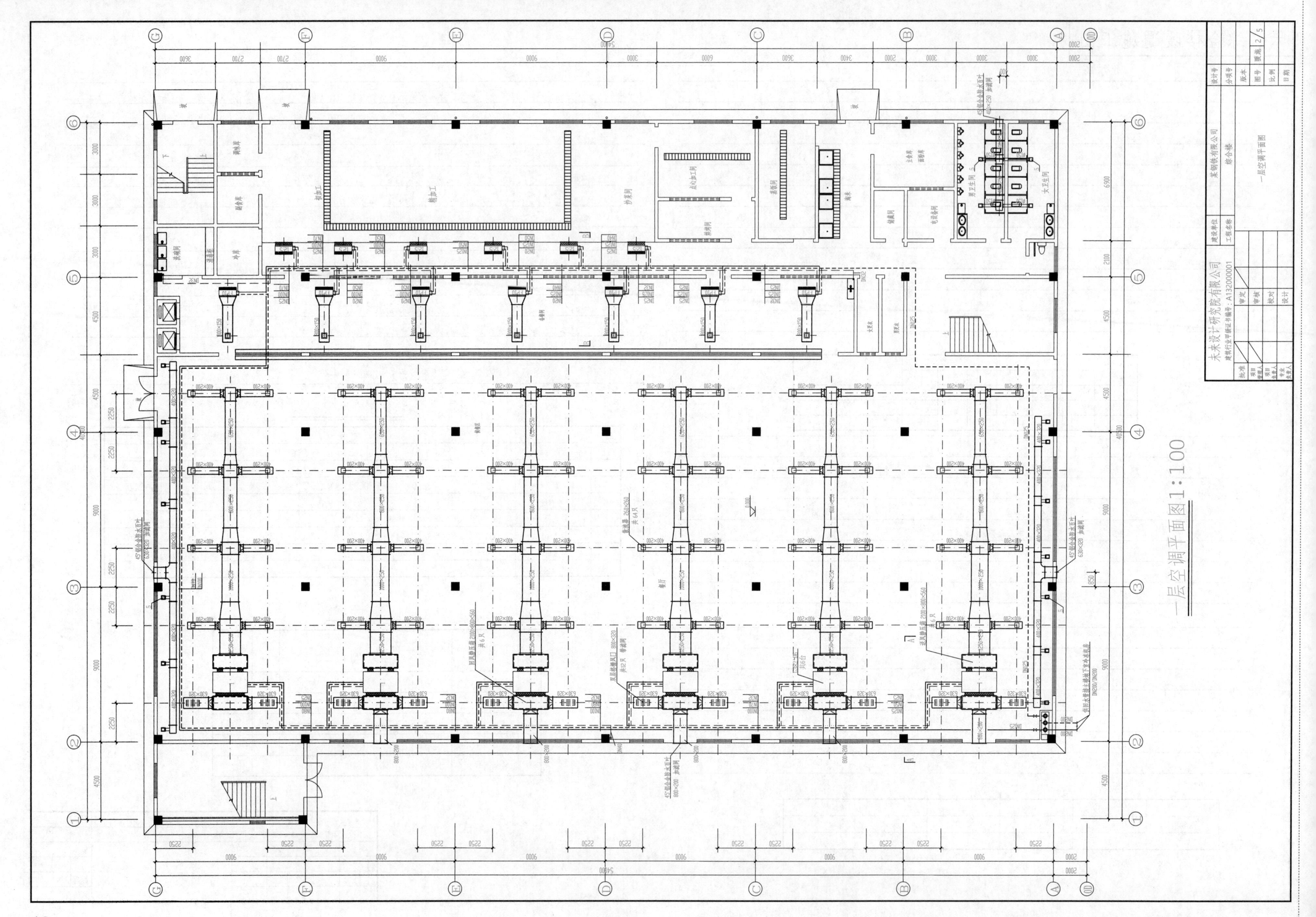
一层空调平面图1:100
未来设计研究院有限公司
某钢铁有限公司
综合楼
一层空调平面图

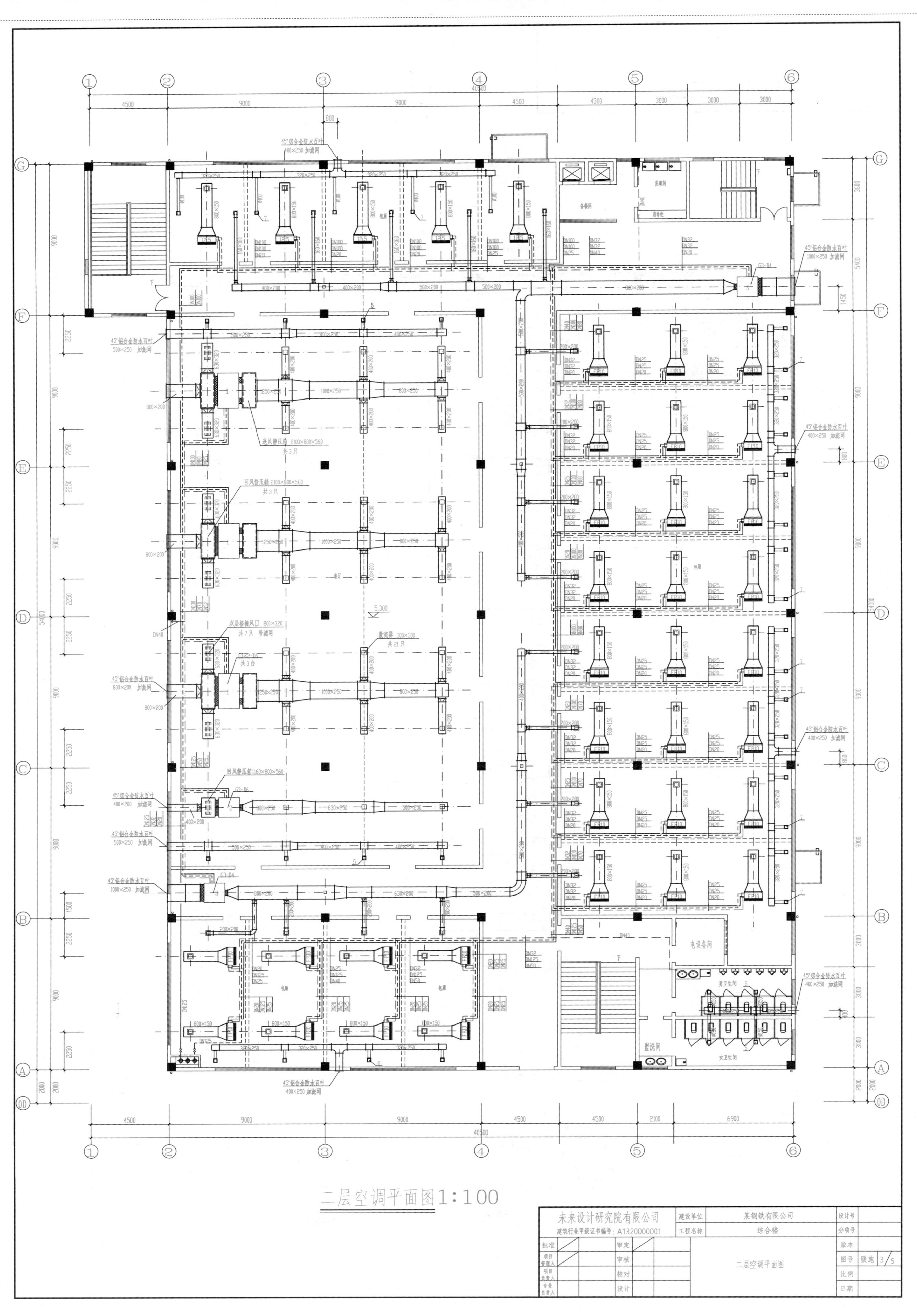

二层空调平面图1:100
未来设计研究院有限公司
建筑行业甲级证书编号：A1320000001
建设单位
某钢铁有限公司
工程名称
综合楼
批准
审定
审核
校对
设计
二层空调平面图
设计号
分项号
版本
图号
暖施
3/5
比例
日期

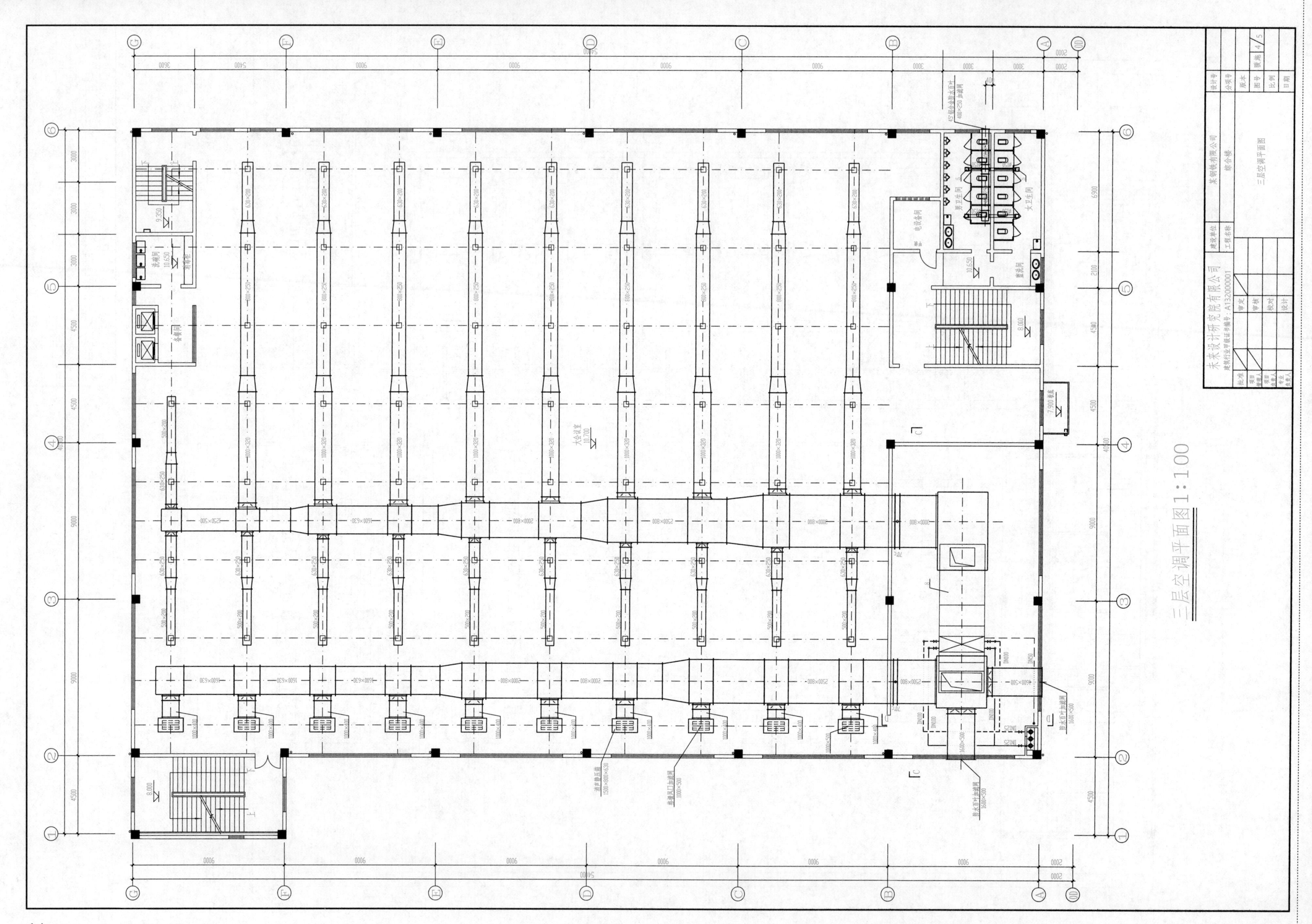
三层空调平面图1:100
未来设计研究院有限公司
某钢铁有限公司
综合楼
三层空调平面图

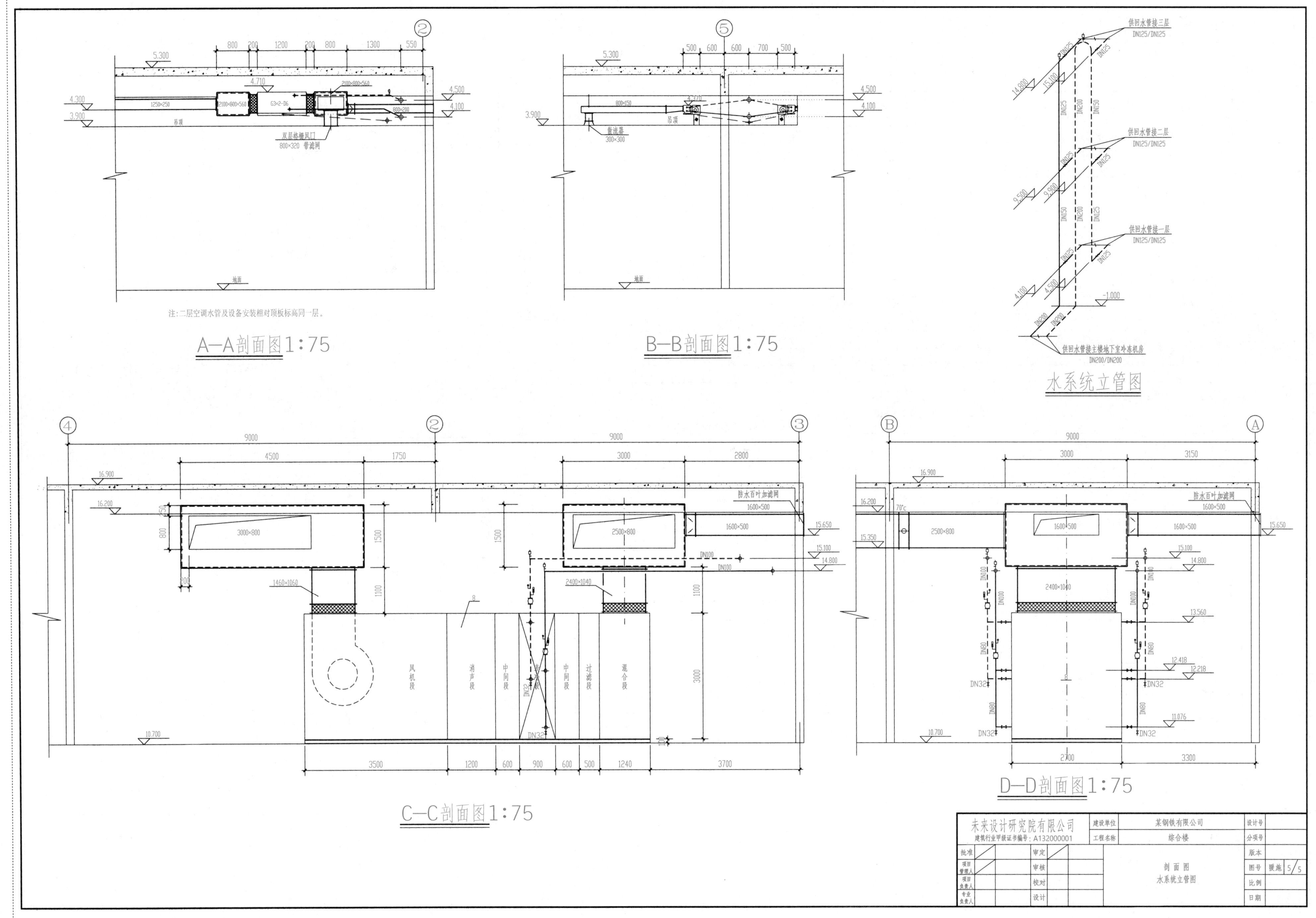
注：二层空调水管及设备安装相对顶板标高同一层。
A—A剖面图1:75
B—B剖面图1:75
水系统立管图
C—C剖面图1:75
D—D剖面图1:75
供回水管接三层
DN125/DN125
供回水管接二层
DN125/DN125
供回水管接一层
DN125/DN125
供回水管接主楼地下室冷冻机房
DN200/DN200
防水百叶加滤网
未来设计研究院有限公司
建筑行业甲级证书编号：A132000001
建设单位
某钢铁有限公司
工程名称
综合楼
剖面图
水系统立管图
暖施
5/5

七、专业教学楼人防地下室通风施工图（平时）

通风设计施工说明

一、工程概况

本工程为结合民用建筑修建的甲类防空地下室，地上建筑为五层专业教学楼。本工程建筑面积为1826.1m²（包括汽车坡道面积283.2m²），人防建筑面积为1379.7m²。平时功能为汽车库，汽车车位总数为31辆；战时功能为一个二等人员掩蔽所，划分为一个防护单元，防常规武器抗力级别6级，防核武器抗力级别6级。防核武器抗力级别6级。防化等级为丙级，室内早期核辐射剂量设计限值0.2Gy。

二、设计依据、参数

1.《人民防空地下室设计规范》 GB50038-2019
2.《人民防空工程设计防火规范》 GB50098-2009
3.《民用建筑供暖通风与空气调节设计规范》 GB50736-2012
4.《汽车库，修车库，停车场设计防火规范》 GB50067-2014
5.《建筑设计防火规范》 GB50016-2014（2018版）
6.《公共建筑节能设计标准》 GB50189-2015

三、通风、防火排烟设计

1. 本工程共设一个防火分区，通风及排烟系统根据防火分区设置。
2. 车库通风方式采用机械排风与排烟相结合，换气次数均为6次/h，排烟时通过坡道自然补风。
3. 本工程风机选用PYHL-14A混流式高温消防排烟风机，排烟风机入口设280℃排烟防火阀，并与排烟风机连锁。排风口兼做排烟口。

消声器必须满足消防要求。

四、风管

1. 图中所注风管的标高，对于圆形风管，为中心标高；对于矩形风管，为管底标高，单位为m。
2. 排烟风管材料采用镀锌板，钢板厚度按高压风管系统选用，厚度不应小于1.0mm。普通送排风管镀锌版厚度按《通风与空调工程施工质量验收规范》中低压风管选取。
3. 风管支吊架间距：风管直径或长边＜400mm，风管支吊架间距≤4m；风管直径或长边≥400mm，风管支吊架间距≤3m。
4. 风管采用法兰连接，普通送排风管法兰之间垫3mm厚8501密封胶条，排风（烟）管法兰之间垫3mm厚无尘石棉绳。
5. 风管弯头除图中注明，其余均应大于或等于1。
6. 矩形风管长边大于或等于800mm的风管其长度在1.2m以上均应采取加固措施。
7. 风管上的可拆卸口不得设置在墙体或楼板上。
8. 所有水平或垂直风管必须设置防晃支架。
9. 风管支吊架或托架现场用膨胀螺栓固定，风管的法兰应避开墙和梁的位置；支吊架应避免在测量孔、阀门等零部件处设置。
10. 位于墙和楼板两侧的防火阀和排烟防火阀之间的风管外壁应采取防火保护措施。
11. 在风管穿过需要封闭的防火、防爆的墙体或楼板时，应设置预埋管或防护套管，其钢板厚度不应小于1.6mm。风管与防护套管之间，应用不燃且对人体无危害的柔性材料封堵。
12. 安装阀门等配件时必须注意将操作手柄放置在便于操作的位置。
13. 安装防火阀和排烟阀时应先对其外观质量和动作的灵活性和可靠性进行检查，确认合格后再进行安装，支吊架必须单独设置。
14. 防火阀的安装位置必须与详图相符并注意安装方向，距防火隔墙表面距离不得大于200mm。
15. 排烟风机进出口采用不燃材料制作的柔性软连接。

五、卫生与环保

排风兼排烟风机采用PYHL-14A混流式高温消防排烟风机，并在管路上设消声器，以达到环保要求。

六、节能说明

所选用风机的单位风量耗功率不大于0.32W(/m³/h)。

图 例

图例	图例	名称
		蝶阀
		手动对开调节阀
		电动防火调节阀
		防火调节阀
		止回阀
		消声器
		排风口

图 纸 目 录

序号	图号		图纸名称	图幅	备注
1	平暖施	1/2	通风设计施工说明　图例　图纸目录 平时通风机房平面图　剖面图		
2	平暖施	2/2	地下车库平时通风排烟平面图		

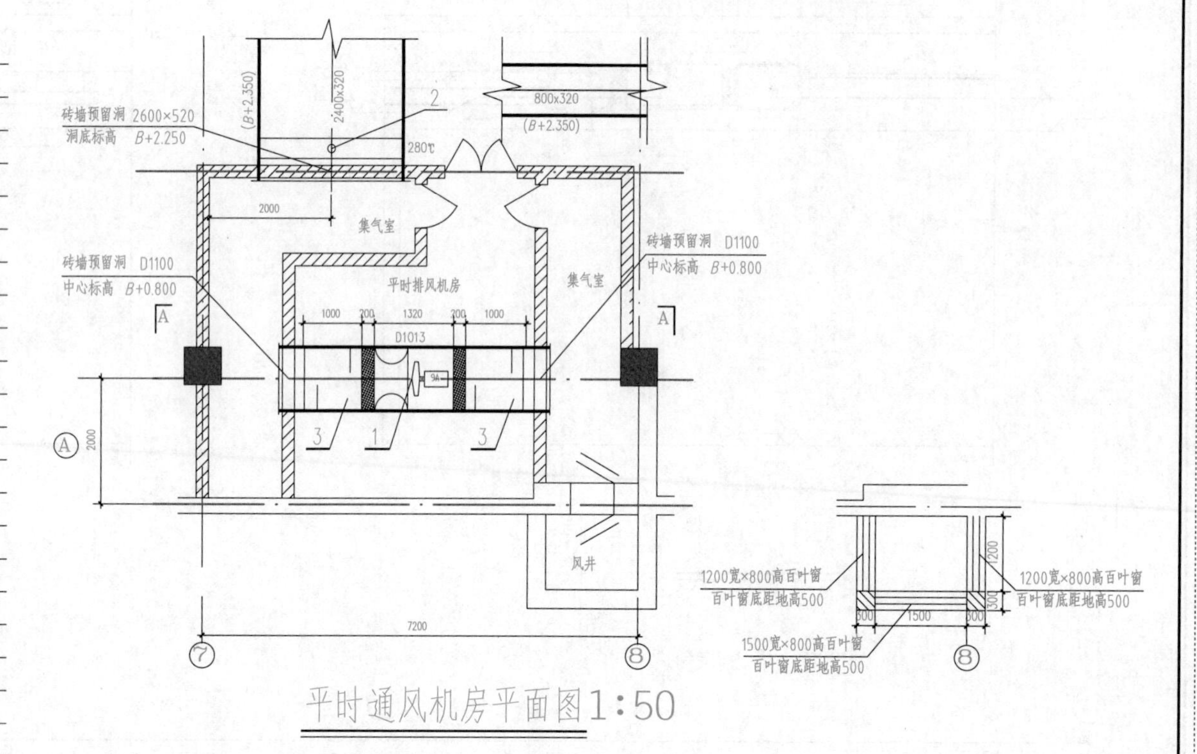

平时通风机房平面图1:50

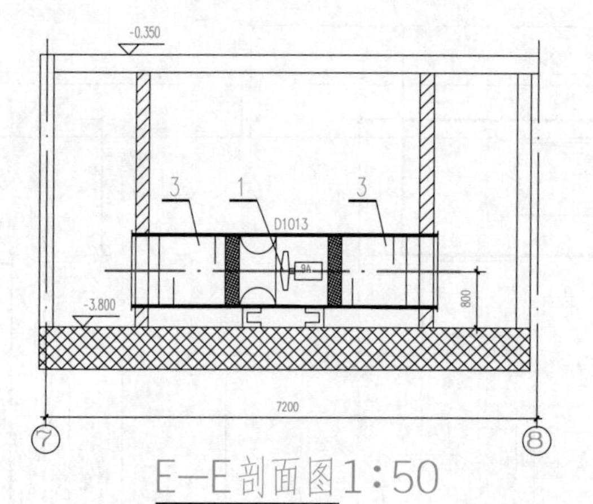

E—E剖面图1:50

序号	设备名称	规格、型号	单位	数量	备注
1	PYHL-14A 混流式	PYHL-14A-No.8.5　960rpm　7.5kW	台	1	W_s=0.31W/(m³/h)
2	排烟防火阀	FPYW24/0.7-280　2400×400 常开，280℃熔断关闭并与风机联锁，输出电信号	只	1	
3	HLAP系列环型消声器	D1013 L=1000mm	只	2	
4	高温排烟风机	22724m³/h　674Pa			

未来设计研究院有限公司 建筑行业甲级证书编号：A132000001				建设单位	某工职业技术学院	设计号	
				工程名称	专业教学楼人防地下室	分项号	
批准		审定		通风设计施工说明 图例 图纸目录 平时通风机房平面图 剖面图		版本	
项目管理人		审核				图号	平暖施 1/2
项目负责人		校对				比例	
专业负责人		设计				日期	

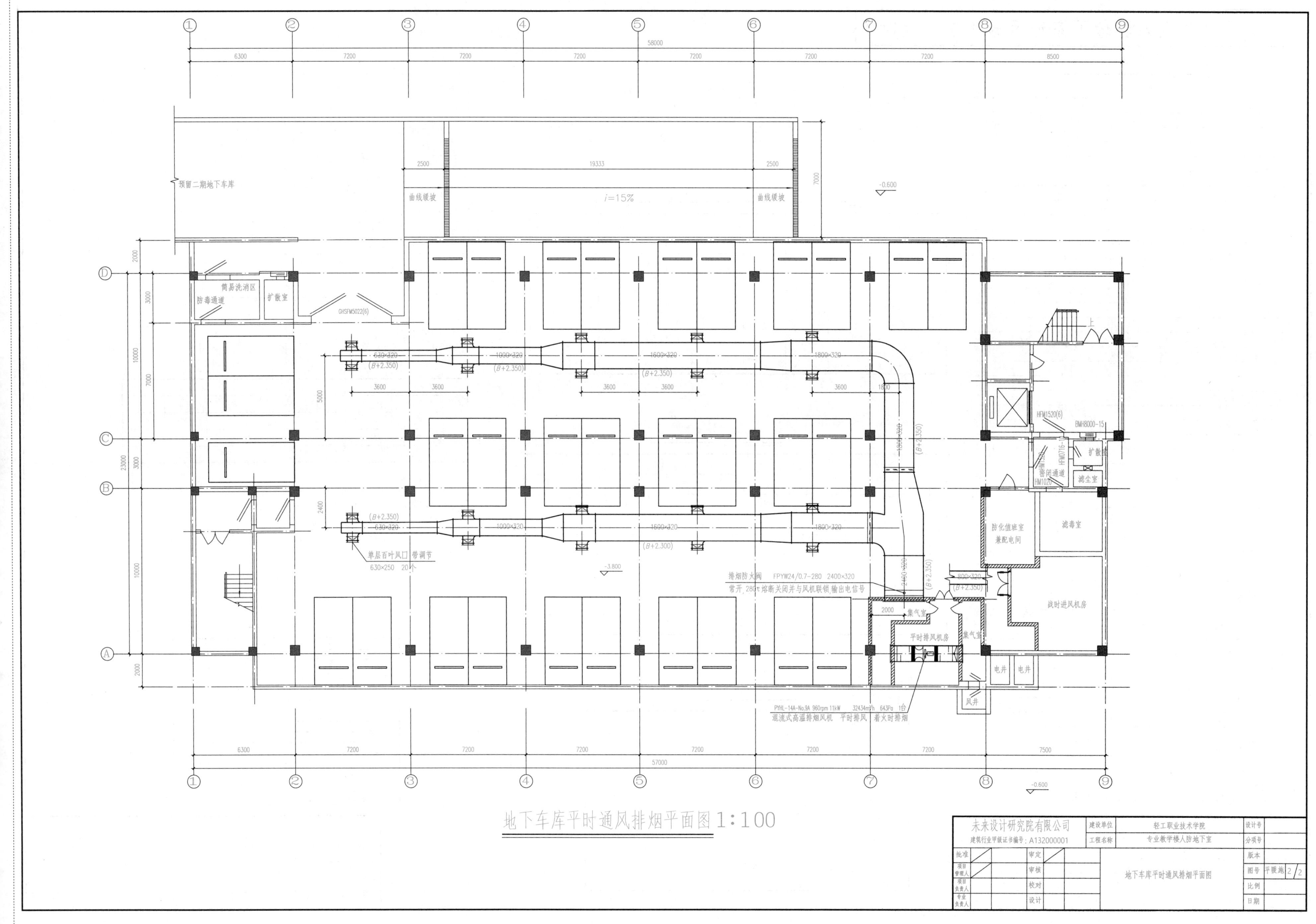

地下车库平时通风排烟平面图 1:100

未来设计研究院有限公司				建设单位	轻工职业技术学院	设计号	
建筑行业甲级证书编号：A132000001				工程名称	专业教学楼人防地下室	分项号	
批准		审定		地下车库平时通风排烟平面图		版本	
项目管理人		审核				图号	平暖施 2/2
项目负责人		校对				比例	
专业负责人		设计				日期	

八、专业教学楼人防地下室通风施工图（战时）

战时通风设计施工说明

一、工程概况

本工程为结合民用建筑修建的甲类防空地下室，地上建筑为五层专业教学楼。本工程建筑面积为1826.1m²（包括汽车坡道面积283.2m²），人防建筑面积为1379.7m²。平时功能为汽车库，汽车车位总数为31个；战时功能为一个二等人员掩蔽所，划分为一个防护单元，防常规武器抗力级别6级，防核武器抗力级别6级。防化等级为丙级，室内早期核辐射剂量设计限值0.2Gy。

二、设计依据.参数

1. 《人民防空地下室设计规范》 GB50038—2019。
2. 《人民防空工程设计防火规范》 GB50098—2009。
3. 《民用建筑供暖通风与空气调节设计规范》 GB50736—2012。
4. 《汽车库、修车库、停车场设计防火规范》 GB50067—2014。
5. 《人民防空工程防化设计规范》 RFGI—97。
6. 战时二等人员掩蔽部新风量：清洁式5.1m³/h.p 滤毒式2.1m³/h.p。
7. 滤毒通风时，防毒通道的排风采用全工程超压排风，工程内部保持超压不小于30Pa，防毒通道内换气次数不少于40次/h，隔绝防护时间不小于3h。

三、通风系统

战时通风：本工程设一个防护单元，通风自成系统。

1. 二等人员掩蔽所采用清洁式.滤毒式.隔绝式通风；滤毒排风按全工程超压排风组织，与外部连通的进排风道和管道上的密闭门（阀）不少于二道，以保证隔绝密闭时的气密性。
2. 战时使用滤尘器为油网滤尘器；滤毒设备为SR型过滤吸收器。
3. 人员掩蔽所设测压管和必要的测量仪表，以测定工事内外压差和过滤吸收器的阻力值，当室内超压达到预定值，则将位于简易洗消间隔墙上的自动超压排气活门顶开进行排气。滤毒通风时，当过滤吸收器阻力值超过规定值时，及时更换过滤吸收器。现工程战时排风在清洁通风时，战时厕所采用机械排风，滤毒通风时采用工事全超压排风。

四、施工安装要求

1. 设计图中选用的主要设备在安装前必须仔细检查，要求表面无损伤，各种资料齐全，性能参数复合设计要求。安装时应严格按照产品说明书进行。
2. 设计图中所示人防送排风机安装时，应注意风机的气流方向，采用减震、支吊架固定，确保风机运行平稳、牢固。
3. 人防通风防护设备必须是具有人防专用设备生产资质厂家生产的合格产品。

五、油网过滤器安装

1. 安装前应用60%~70%的苏打水溶液清洗干净，风干后浸上20#机油，静淋3~5min后再装入除尘过滤箱或框架中。
2. 安装时将孔眼大的网层置于空气进入侧。
3. 安装方式详见FK01~02《防空地下室通风设计》2007合订本。

六、过滤吸收器安装

1. 平时严禁打开进出口的密封盖，以免受潮，只就位不连接，有关配件要放置有序。
2. 安装时注意滤烟层在前，滤毒层在后。
3. 发现金属表面生锈应及时除锈。
4. 与管道之间用法兰连接，法兰之间应垫4~5mm厚的橡胶垫片（过滤器两端自带）。安装方式详见FK01~02《防空地下室通风设计》2007合订本。

七、风管及主要配件安装

1. 图中所注风管的标高，对于圆形风管，为中心标高；对于矩形风管，为管底标高。
2. 口部染毒区的进、排风道，应向外设0.5%的坡度，并应在最低点采取排水措施。
3. 口部染毒区的通风管道应采用厚度为3mm钢板连续气密焊接而成.一般送排风管道采用镀锌钢板。
4. 密闭阀安装时应确保将阀体上的箭头方向与冲击波作用方向一致。

八、手动密闭阀门安装

1. 安装前应放在室内干燥处，使阀门板处于关闭位置，橡胶密封面上不允许沾有任何油脂物质，以防腐蚀。
2. 安装时阀门受冲击波方向应与阀门标注压力的箭头方向一致。即进风管路箭头方向与气流方向一致；排风管路箭头与气流方向相反。
3. 安装位置应确保操作、维修或更换方便。
4. 安装方式详见FK01~02《防空地下室通风设计》2007合订本。

九.其他

1. 超压排气活门的安装详见FK01~02《防空地下室通风设计》2007合订本。
2. 人防通风防护设备必须是具有人防专用设备生产资质厂家生产的合格产品。
3. 未说明处应严格遵守《通风与空调工程施工质量验收规范》（GB50243—2016）和《人民防空工程施工验收规范》（GB50134—2004）的有关规定。

附表 防护单元战时通风简要计算表

主要参数	清洁送风量	滤毒送风量	隔绝防护时间	最小防毒通道换气次数	超压排气活门数量
	(m³/h)	(m³/h)	(h)	（次）	（只）
	$L_1=N*q1$	$L_2=N*q2$	$t=10V(C-C0)/(N*C1)$	$n=(L_2-0.04V)/V_0$	$n=(L_2-0.04V)/L_0$
掩蔽人员数：$N=1050P$ 清洁新风量：$q_1=5.1m^3/(P.h)$ 滤毒新风量：$q_2=2.1m^3/(P.h)$ 简易洗消区体积：$V_0=34.56m^3$ 简易洗消区换气次数K：40次/h 清洁区有效容积：$V=4072m^3$ 防护地下室室内CO_2容许浓度：C=2.5 隔绝防护前CO_2初始浓度：C=0.45 每人呼出CO_2量：C=20L/(P.h)	$L_1=1050x5.1$ =5355	$L_2=1050x2.1$ =2205	$t=\frac{10x4072x(2.5-0.45)}{1050x20}$ $t=3.98>3h$ 满足要求	$n=\frac{2205-4072x0.04}{34.56}$ $n=59h^{-1}>40h^{-1}$ 满足要求	$n=\frac{2205-4072x0.04}{770}$ $n=2.92$ 选3只PS-D250

附表 转换内容表

序号	转换名称及内容	转换时间		
		早期转换30天	临战转换15天	紧急转换3天
1	对与战时设备有影响的平时设备进行拆除，整理干净	☆		
2	穿墙管密闭处理	☆		
3	风管及支架的制作	☆		
4	进排风口部内所有通风设备的维护和调试		☆	
5	对口部密闭性能的测试		☆	
6	风管的敷设		☆	
7	设施设备进行综合调试，达到战时使用要求			☆

图纸目录

序号	图号		图纸名称	图幅	备注
1	战暖施	1/4	战时通风设计施工说明 附表 防护单元战时通风简要计算表 附表 转换内容表 图纸目录 防护单元通风原理图 图例		
2	战暖施	2/4	地下车库战时通风平面图		
3	战暖施	3/4	战时进风机房平面图 一号口部战时排风平面图 剖面图		
4	战暖施	4/4	各类设备的安装预埋大样图		

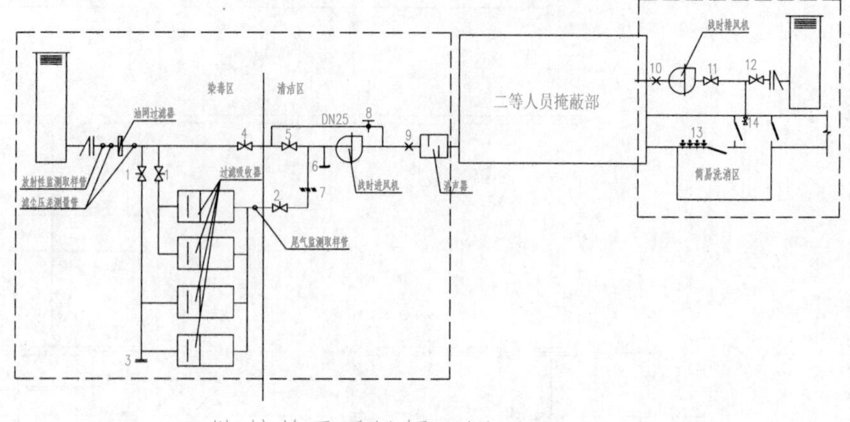

防护单元通风原理图

虚线框内战时风管及设备平时安装到位，过滤吸收器平时不拆封。

1—密闭阀门　4—密闭阀门　7—圆形蝶阀　10—风量调节阀　13—超压排气活门
2—密闭阀门　5—密闭阀门　8—增压管阀门　11—密闭阀门　14—密闭阀门
3—封堵板　6—圆形蝶阀　9—防火调节阀　12—密闭阀门

通风方式		开启阀门	关闭阀门	进风机	排风机
战时通风	清洁式通风	4,5,11,12	1,2,3,6,8,14	开	开
	滤毒式通风	1,2,8,12,14	4,5,6,11	开	停
	隔绝式通风	6,8	1,2,3,4,5,11,12,14	开	停
	滤毒间换气	2,3,8	1,4,5,6,11,12,14	开	停

防火调节阀9常开，70℃熔断关闭。

圆形蝶阀7用来调节滤毒送风量，调整完成后不再动。

风量调节阀10用来调节清洁送风时的战时排风量，以保证清洁区的微正压。

滤毒送风时超压排气活门自动打开，进行超压排风。

注：1. 油网滤尘器应经常清洗（当终阻力达到85Pa时必须清洗）。
2. 过滤吸收器的安装应注意气流方向。
3. 立式加固安装的油网滤尘器应在背面用扁铁加固。
4. 立式加固安装的油网滤尘器应将孔洞大的网层置于空气进入面。

图 例

图例	名称
	手动密闭阀
	插板阀
	油网除尘器
	过滤吸收器
	门式活门
	换气堵头
	超压排气活门
	测压装置

未来设计研究院有限公司 建筑行业甲级证书编号：A132000001		建设单位	某职业技术学院	设计号	
		工程名称	专业教学楼人防地下室	分项号	
批准		审定	战时通风设计施工说明 附表 防护单元战时通风简要计算表 附表 转换内容表 图纸目录 防护单元通风原理图 图例	版本	
项目管理人		审核		图号	战暖施 1/4
项目负责人		校对		比例	
专业负责人		设计		日期	

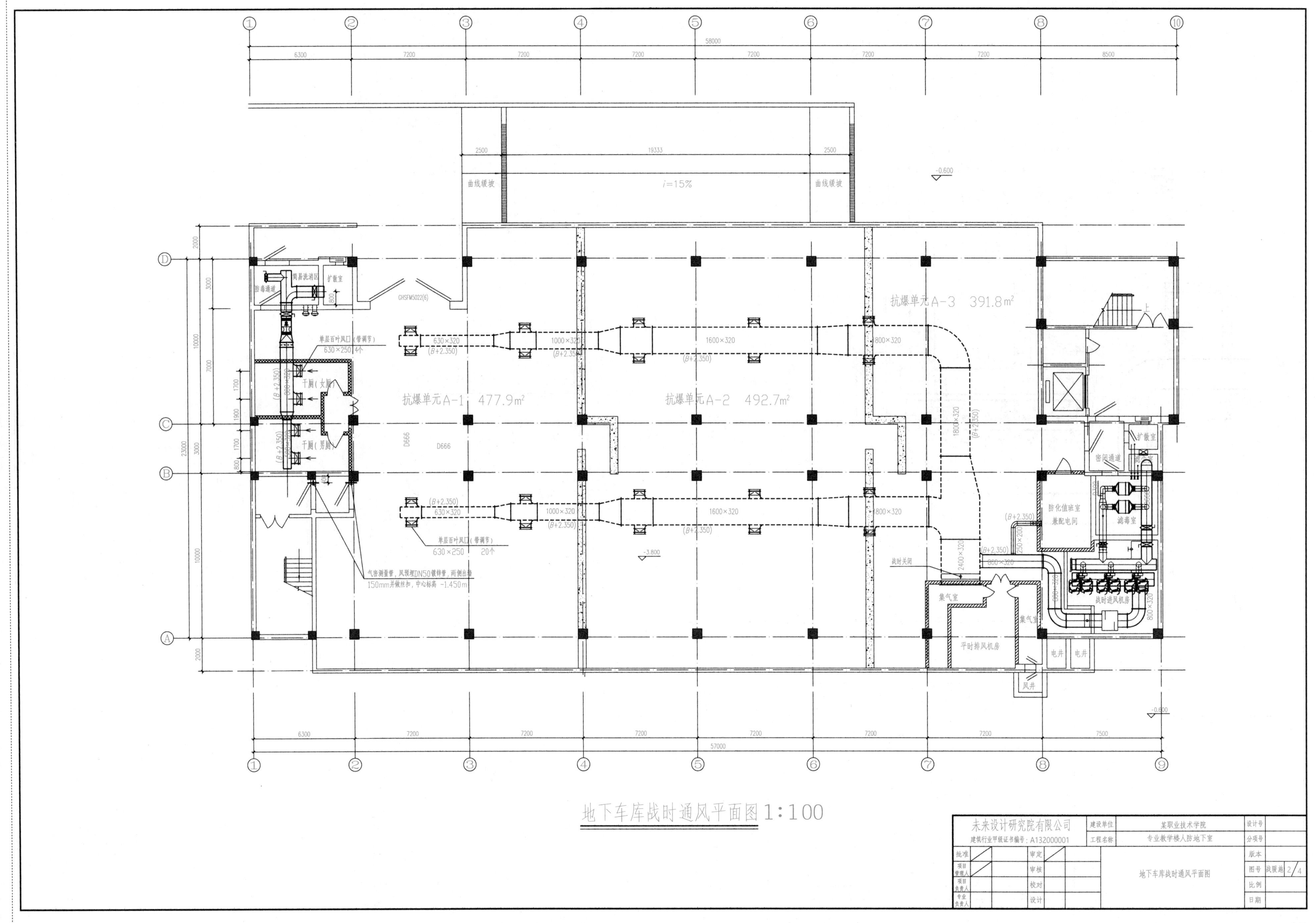
抗爆单元A-1 477.9m²
抗爆单元A-2 492.7m²
抗爆单元A-3 391.8m²
地下车库战时通风平面图1:100
未来设计研究院有限公司
建设单位
某职业技术学院
工程名称
专业教学楼人防地下室
地下车库战时通风平面图

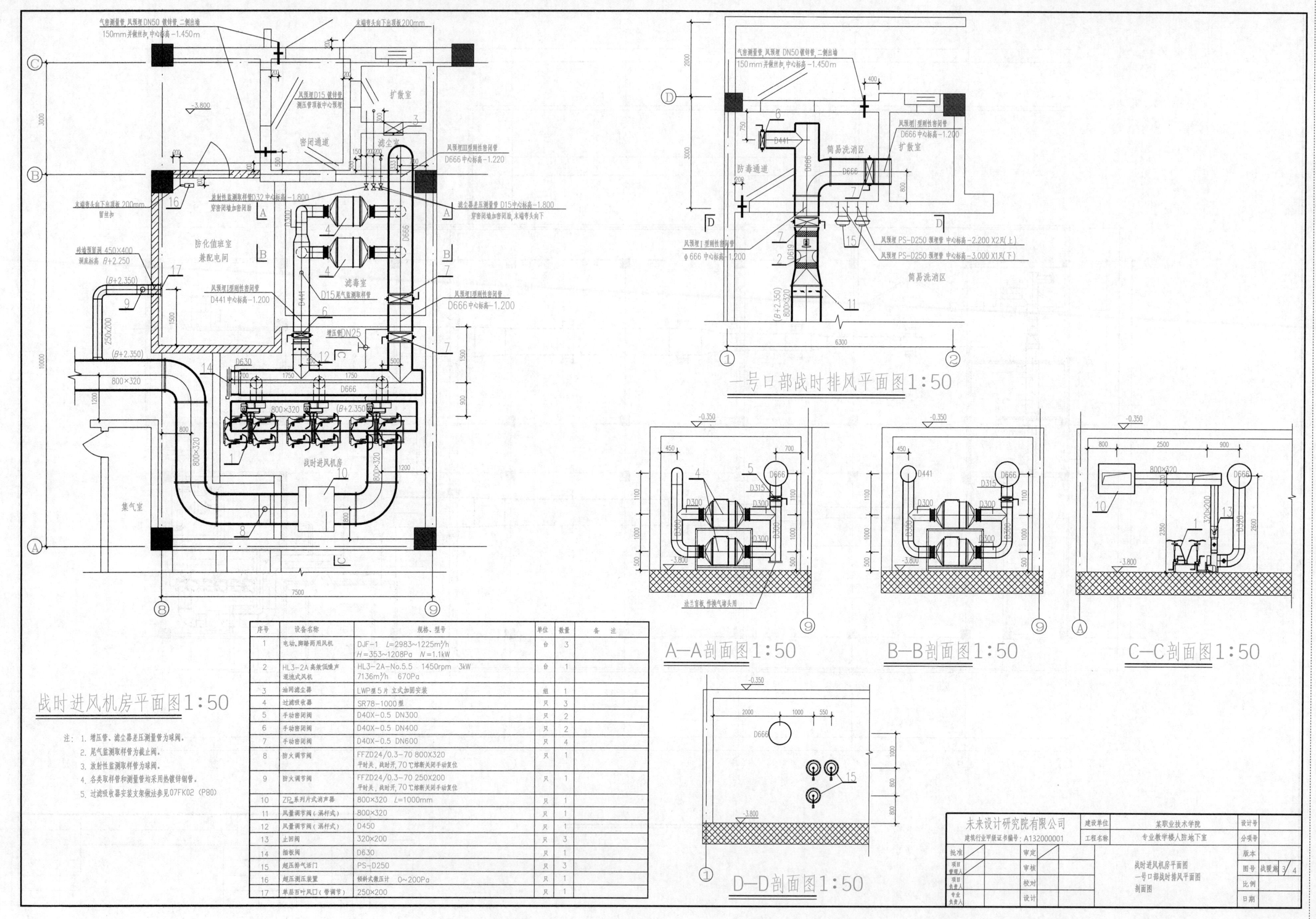

序号	设备名称	规格、型号	单位	数量	备　注
1	电动、脚踏两用风机	DJF-1　L=2983~1225m³/h　H=353~1208Pa　N=1.1kW	台	3	
2	HL3-2A高效低噪声混流式风机	HL3-2A-No.5.5　1450rpm　3kW　7136m³/h　670Pa	台	1	
3	油网滤尘器	LWP型5片 立式加固安装	组	1	
4	过滤吸收器	SR78-1000型	只	3	
5	手动密闭阀	D40X-0.5　DN300	只	2	
6	手动密闭阀	D40X-0.5　DN400	只	2	
7	手动密闭阀	D40X-0.5　DN600	只	4	
8	防火调节阀	FFZD24/0.3-70 800X320　平时关，战时开，70℃熔断关闭手动复位	只	1	
9	防火调节阀	FFZD24/0.3-70 250X200　平时关，战时开，70℃熔断关闭手动复位	只	1	
10	ZP_{100}系列片式消声器	800×320　L=1000mm	只	1	
11	风量调节阀（涡杆式）	800×320	只	1	
12	风量调节阀（涡杆式）	D450	只	1	
13	止回阀	320×200	只	3	
14	插板阀	D630	只	1	
15	超压排气活门	PS-D250	只	3	
16	超压测压装置	倾斜式微压计　0~200Pa	只	1	
17	单层百叶风口（带调节）	250×200	只	1	

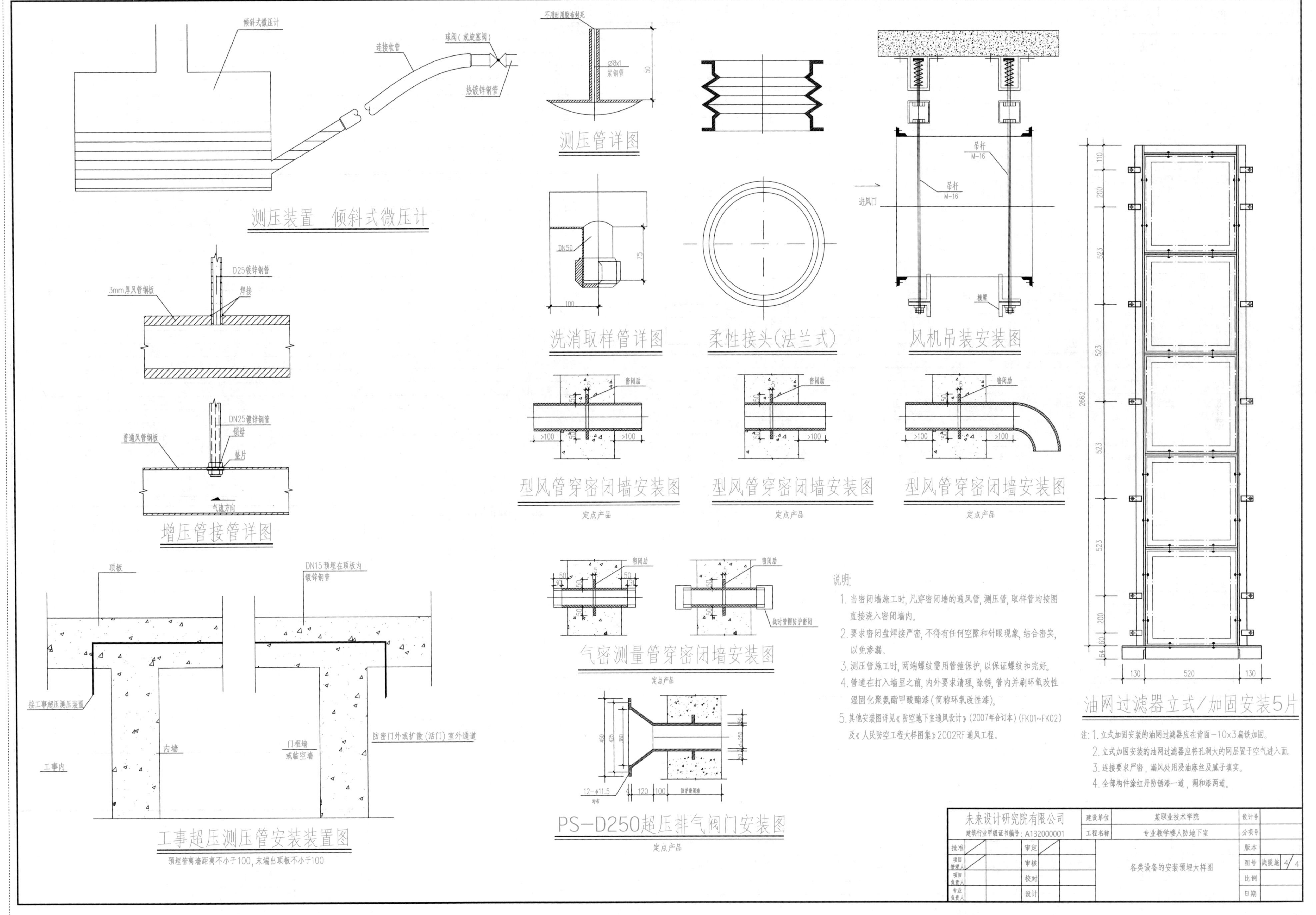

测压装置 倾斜式微压计
倾斜式微压计
连接软管
球阀(或旋塞阀)
热镀锌钢管
测压管详图
洗消取样管详图
柔性接头(法兰式)
风机吊装安装图
进风口
吊杆 M-16
增压管接管详图
D25镀锌钢管
3mm厚风管钢板
焊接
DN25镀锌钢管
普通风管钢板
锁母
垫片
气流方向
型风管穿密闭墙安装图
定点产品
密闭肋
气密测量管穿密闭墙安装图
PS-D250超压排气阀门安装图
工事超压测压管安装装置图
预埋管离墙距离不小于100,末端出顶板不小于100
顶板
DN15 预埋在顶板内 镀锌钢管
接工事超压测压装置
内墙
工事内
门框墙 或临空墙
防密门外或扩散(活门)室外通道
油网过滤器立式/加固安装5片
说明:
1. 当密闭墙施工时,凡穿密闭墙的通风管,测压管,取样管均按图直接浇入密闭墙内。
2. 要求密闭盘焊接严密,不得有任何空隙和针眼现象,结合密实,以免渗漏。
3. 测压管施工时,两端螺纹需用管箍保护,以保证螺纹扣完好。
4. 管道在打入墙里之前,内外要求清理,除锈,管内并刷环氧改性湿固化聚氨酯甲酸酯漆(简称环氧改性漆)。
5. 其他安装图详见《防空地下室通风设计》(2007年合订本)(FK01~FK02)及《人民防空工程大样图集》2002RF 通风工程。
注:1. 立式加固安装的油网过滤器应在背面-10x3扁铁加固。
2. 立式加固安装的油网过滤器应将孔洞大的网层置于空气进入面。
3. 连接要求严密,漏风处用浸油麻丝及腻子填实。
4. 全部构件涂红丹防锈漆一道,调和漆两道。
未来设计研究院有限公司
建筑行业甲级证书编号:A132000001
建设单位 某职业技术学院
工程名称 专业教学楼人防地下室
各类设备的安装预埋大样图

九、法院办公楼空调施工图

设计与施工说明

一、工程概况、设计范围及主要依据

1. 建筑物性质，规模

项目名称：某法院新建审判大楼项目。

工程规模：(1) 建筑高度：23.35m；层数：地上6层，地下1层。　(2) 建筑分类：民用建筑。

(3) 建筑总面积：7500m²；　(4) 建筑功能：办公楼。

2. 本专业设计内容

根据建设单位要求，设计内容包括：本大楼各楼层的空调、通风及防排烟设计。

3. 主要设计依据

《民用建筑供暖通风与空气调节设计规范》GB50736-2012；

《建筑设计防火规范》GB50016-2014(2018版)；

《建筑防烟排烟系统技术标准》GB51251-2017；

《公共建筑节能设计标准》GB50189-2015；

《通风与空调工程施工质量验收规范》GB50243-2016；

《建筑机电工程抗震设计规范》GB50981-2014；

建设单位设计委托任务书；

建筑专业及其他专业提供相关设计文件。

二、主要设计参数

1. 室外气象参数（地区：江苏省常州市）：

季节	参数	数值	季节	参数	数值
夏季	空调计算干球温度	34.6℃	冬季	空调计算干球温度	−3.5℃
	空调计算湿球温度	28.1℃		通风计算温度	3.1℃
	通风室外计算温度	31.3℃		平均风速	2.4℃
	平均风速	2.8m/s		空调计算相对湿度	75%
	大气压力	1005.3hPa		大气压力	1026.1hPa
	空调计算温度	31.5℃		采暖计算温度	−1.2℃

2. 室内设计参数：

房间	夏季 t(℃)	夏季 φ(%)	冬季 t(℃)	冬季 φ(%)	新风量 (m³/h.p)	噪声 [dB(A)]
办公室	25~27	50~60	18~20	>35	30	50
会议室	25~27	50~60	18~20	>35	30	45
门厅	26~28	50~60	18~20	>35	10	50

三、设计简介

1. 空调设计

(1) 根据甲方要求，本大楼采用变制冷剂流量多联分体式空调系统。室外机集中放置于六层屋面。安装管道时，要保证室内机和室外机的匹配。

(2) 室内外机的连接管液管和气管均采用铜管，保温材料为橡塑管，ø>12.7mm 厚25mm，ø<12.7mm 厚15mm，接缝处用胶带密封，冷凝水管采用硬质PE管，保温材料采用15mm厚橡塑管，接缝处用胶带密封。

(3) 安装在吊顶内的室内机均内置排水泵，用于提升冷凝水。冷凝水管应做通水试验，水平干管起点为大梁底并应有不小于0.01的坡度坡向排水立管。

(4) 室内机室外机等设备安装前必须仔细检查，要求表面完好无损，各种资料齐全性能参数符合设计要求后方能安装。

(5) 室外机基础施工应在做屋面保温前进行，在室外机底部与基础之间垫以橡胶减振垫，或按产品说明书的要求进行施工。

(6) 所有吊装室内机应设减振吊架，室外机、室内机的安装应严格按产品说明书进行。

2. 通风及防排烟设计

(1) 地上及地下部分封闭楼梯间均满足自然排烟条件。

(2) 地下汽车库设机械排烟系统，采用双速排烟风机与排风系统合用，排烟量按6次/h计算，利用车道自然补风。

(3) 地下室配电间设机械排风系统，换气量按10次/h计算。

(4) 屋面电梯机房设机械排风系统，换气量按15次/h计算。

(5) 消声静压箱内贴50mm厚的离心玻璃棉，覆两层无碱玻璃丝布加穿孔镀锌钢板(ø4~5)。

(6) 挡烟垂壁采用固定式夹胶钢化玻璃制作，梁下突出50mm。

四、风管的制作及安装

1. 所有空调风管、通风管道及排烟管均采用镀锌钢板制作，钢板厚度规格见下表。

风管材料	镀锌薄钢板					
长边尺寸(mm)	100~320	400~630	800~1000	1250~2000	>2000	备注
钢板厚度(mm)	0.5	0.6	0.75	1.0	1.2	用于通风空调系统
钢板厚度(mm)	0.75	0.75	1.0	1.2	1.6	用于排烟系统
备注	(1) 与防火阀连接穿越防火墙前后200mm的穿墙管壁为2mm。					
	(2) 穿越变形缝及防火卷帘两侧的防火阀之间的风管管壁为2mm。					
	(3) 防火阀安装距防火墙表面不大于200mm。					
制作	镀锌钢板要求采用咬口机加工制作。					

2. 矩形风管边长大于630mm，保温风管大于800mm均应采取加固措施，加固方法可根据需要采用楞筋、立筋、扁钢、加固筋及管内支撑等。

3. 风管支、吊架间距水平安装时，直径或边长≤400，间距不大于4m；直径或边长>400mm，间距不大于3m；垂直安装时，间距不大于4m，单根直管至少应有两个固定点。

风管支、吊架形式、用料规格详见国标08K132。风管支吊架不得设置在风口、阀门、检查门及自控机构处，吊杆不宜直接固定在法兰上。

4. 所有送、回风口除说明外，均采用铝合金型材制作。

5. 空调、通风及排烟管用角钢法兰连接时，法兰间应垫以3~5mm厚的垫片，垫片应与法兰齐平，垫片采用不燃材料制作。

6. 各类风阀应安装在便于操作的部位。防火阀安装时方向位置应正确，易熔件应迎气流方向安装后应做动作试验，其阀板的启闭应灵活，动作应可靠，并单独设支吊架。排烟阀（口）及手控装置（包括预埋导管）的位置应符合设计要求，预埋管不应有死弯及瘪陷。排烟阀安装后应做动作试验，手动、电动操作应灵活、可靠，阀板关闭时应严密。

7. 防火阀、防排烟阀（口）必须符合有关消防产品的规定，并有相应的产品合格证明文件。

8. 排烟或排烟兼排风系统的柔性接头均采用硅钛合成高温耐火软接，柔性接头长度一般为150~200mm，设于变形缝的柔性接头两边采用75mm宽镀锌钢板锁边，在接头处严禁变径。

9. 通风机传动装置的外露部分及通风机直通大气的进、出口必须装设防护罩网或采取其他安全措施。

10. 所有砖砌及混凝土风道应与管道施工配合，做到严密不漏风，内表面必须平整光滑。

11. 当设计图中未标注测量孔位置时，安装单位应根据调试要求在适当的部位配置测量孔。

12. 设置防火阀的风管应有一定的强度，设置防火阀处应设单独支吊架防止风管变形。穿过防火墙两侧各2m范围内的风管绝热材料采用憎水型离心玻璃棉，穿越处的空隙亦采用憎水性离心玻璃棉不燃材料严密填实

防火阀的安装见附图（一）、（二）。

13. 风管上可拆卸接口不得设置在墙体或楼板内。

五、防腐及保温

1. 普通钢板在制作风管前应预刷一道红丹防锈漆，支吊架的防腐应与风管相一致，其明装部分必须涂一道面漆。

2. 采用保温材料的性能参数：

(1) 不燃型离心玻璃棉，使用密度48kg/m³，吸湿率≤35%，平均温度为0℃导热系数λ≤0.0 1W/(m.k)。

(2) 难燃B1级闭孔柔性橡塑，湿阻因子μ≥10000，氧指数≥34%，真空吸水率≤10%，平均温度为0℃时的导热系数λ≤0.034W/(m.k)。

保温对象	保温材料	保温层厚度	保护层
空调冷媒管			
ø≥12.7mm	难燃B1级橡塑发泡保温管壳	25mm	
ø<12.7mm	难燃B1级橡塑发泡保温管壳	15mm	
空调冷凝水管	难燃B1级橡塑发泡保温管壳	15mm	
空调新风管	难燃B1级橡塑发泡保温板材	32mm	外覆不燃铝箔

注：穿过防火墙及变形缝的风管两侧各2m的范围内应采用离心玻璃棉保温板及不燃形黏接剂，且风管穿过隔墙、楼板时应采用不燃型离心玻璃棉保温材料将其周围的缝隙填塞密实。

六、节能设计

1. 本节能设计项目内容包括本大楼空调及通风系统设计，采用变制冷剂流量多联分体式空调系统。

2. 本项目空调设计冷负荷约为640kW，单位面积冷负荷为174W/m²；空调设计热负荷约为462kW，单位面积热负荷为126W/m²。

3. 冷、热源形式为电机驱动压缩机的风冷热泵机组。型号及规格、数量见主要设备明细表。

4. 冷、热源设备额定工况单机平均制冷COP为3.37，单机平均制热COP为3.82。

5. 空调新风系统最不利总长度为55m，最大单位风量耗功率为0.07。地下车库平时通风各风机的最大单位风量耗功率均小于0.32。

6. 保温材料及做法：冷媒管及冷凝水管采用难燃的B1级闭孔结构柔性橡塑绝热材料，其导热系数≤0.034W/(m.K)（平均温度为0℃时），湿阻因子≥10000，氧指数≥34%，真空吸水率≤10%。另要求其黏结用的胶水必须为与之配套的具有同等理化性能的胶水。

7. 空调新风管采用32mm厚难燃B1级橡塑发泡板材保温，热阻为0.94m²·K/W。

8. 自动控制要求：

(1) 空调房间设置室内温度控制装置。

(2) 根据系统负荷要求自动调整系统设备运行状态。

(3) 设备运行状态记录与显示。

(4) 故障自动报警或显示。

(5) 空调权限管理。

9. 对空调系统用电总量进行计量。

七、环保措施

所有空调设备，包括空调器、风机等均选用低噪声设备，并采取减振消声等措施，以达到环保标准，对周围环境无干扰。

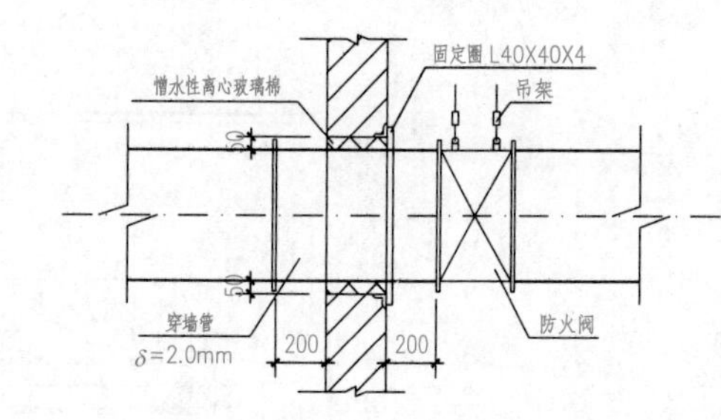

附图(一) 防火墙处防火阀安装示意图

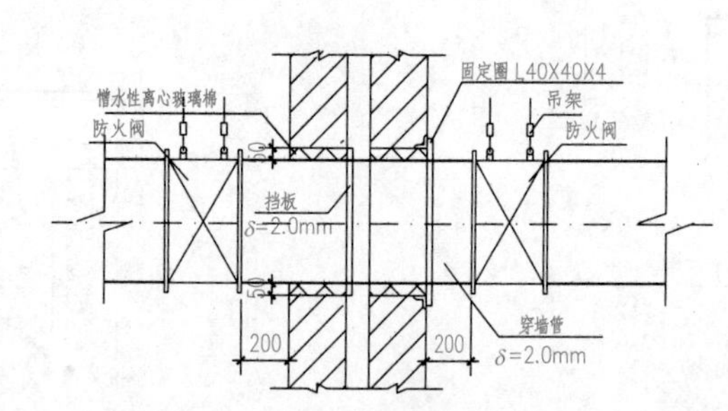

附图(二) 变形缝处防火阀安装示意图

图纸目录

未来设计研究院有限公司 建筑行业甲级证书编号：A132000001		建设单位	某法院	设计号	
		工程名称	新建审判大楼	分项号	
批准		审定		版本	
项目管理人		审核	设计与施工说明 图纸目录	图号	空施 1/10
项目负责人		校对		比例	
专业负责人		设计		日期	

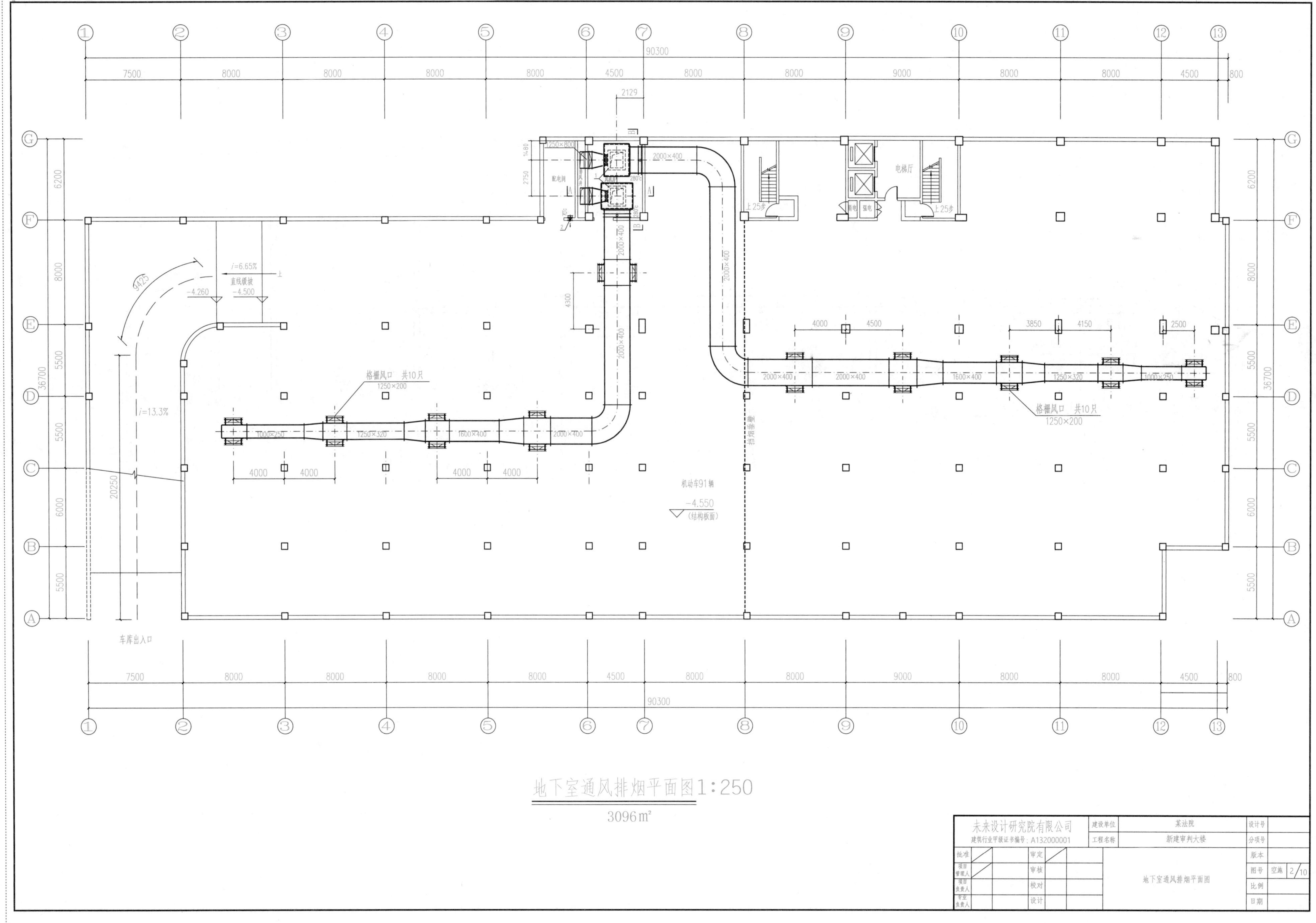
地下室通风排烟平面图1:250
3096m²
未来设计研究院有限公司
建筑行业甲级证书编号：A132000001
建设单位
某法院
工程名称
新建审判大楼
地下室通风排烟平面图
设计号
分项号
版本
图号
空施
2/10
比例
日期
批准
审定
审核
校对
设计
项目管理人
项目负责人
专业负责人
格栅风口 共10只
1250×200
机动车91辆
-4.550
(结构板面)
车库出入口
直线横坡
i=6.65%
i=13.3%
电梯厅
配电间
90300
36700

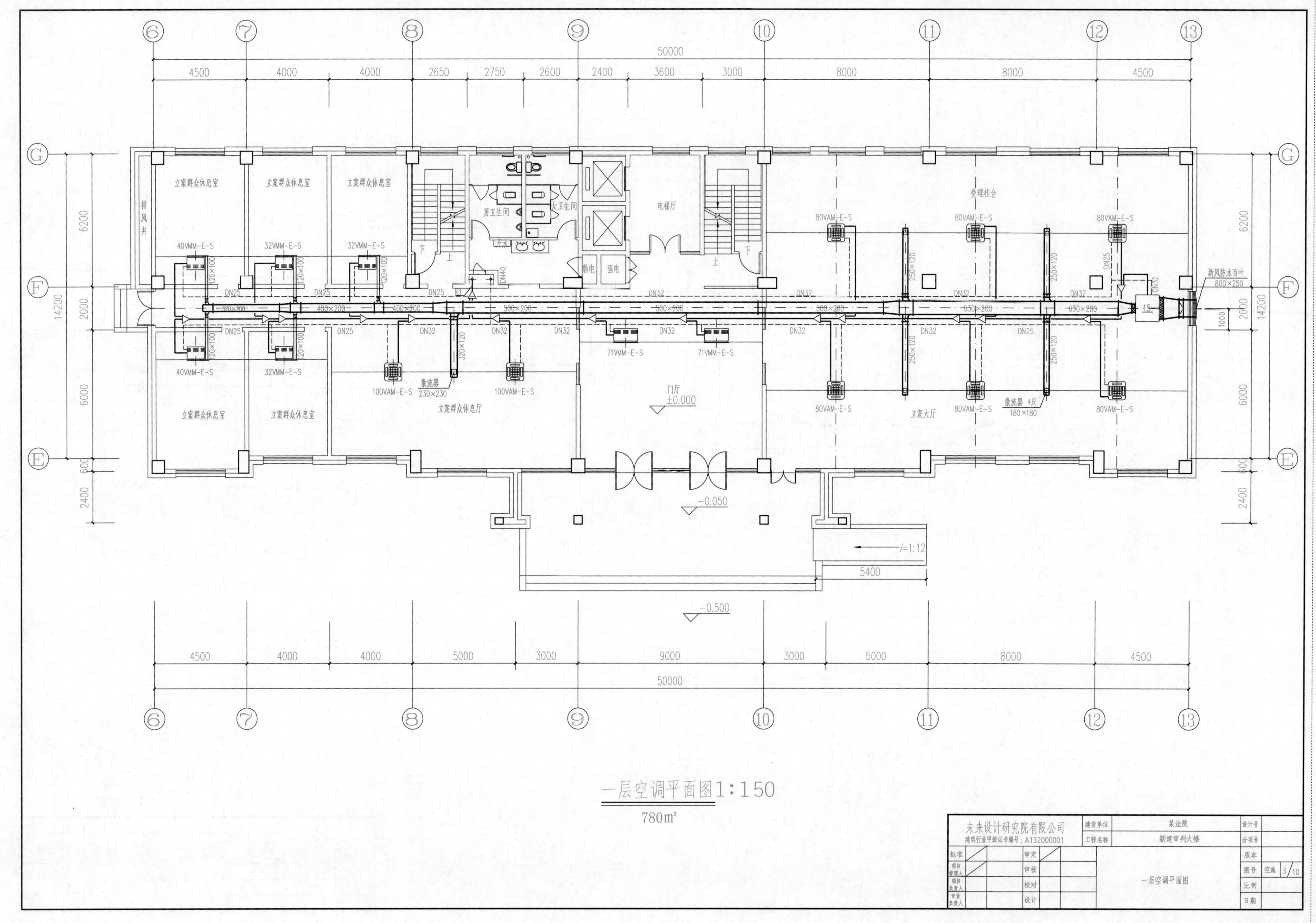
立案群众休息室
排风井
男卫生间
女卫生间
电梯厅
弱电
强电
受理柜台
40VMM-E-S
32VMM-E-S
80VAM-E-S
100VAM-E-S
71VMM-E-S
散流器 230×230
散流器 4只 180×180
新风防水百叶 800×250
立案群众休息厅
门厅 ±0.000
立案大厅
−0.050
−0.500
i=1:12
50000
一层空调平面图1:150
780m²
未来设计研究院有限公司
建筑行业甲级证书编号：A132000001
建设单位 某法院
工程名称 新建审判大楼
一层空调平面图
图号 空施 3/10

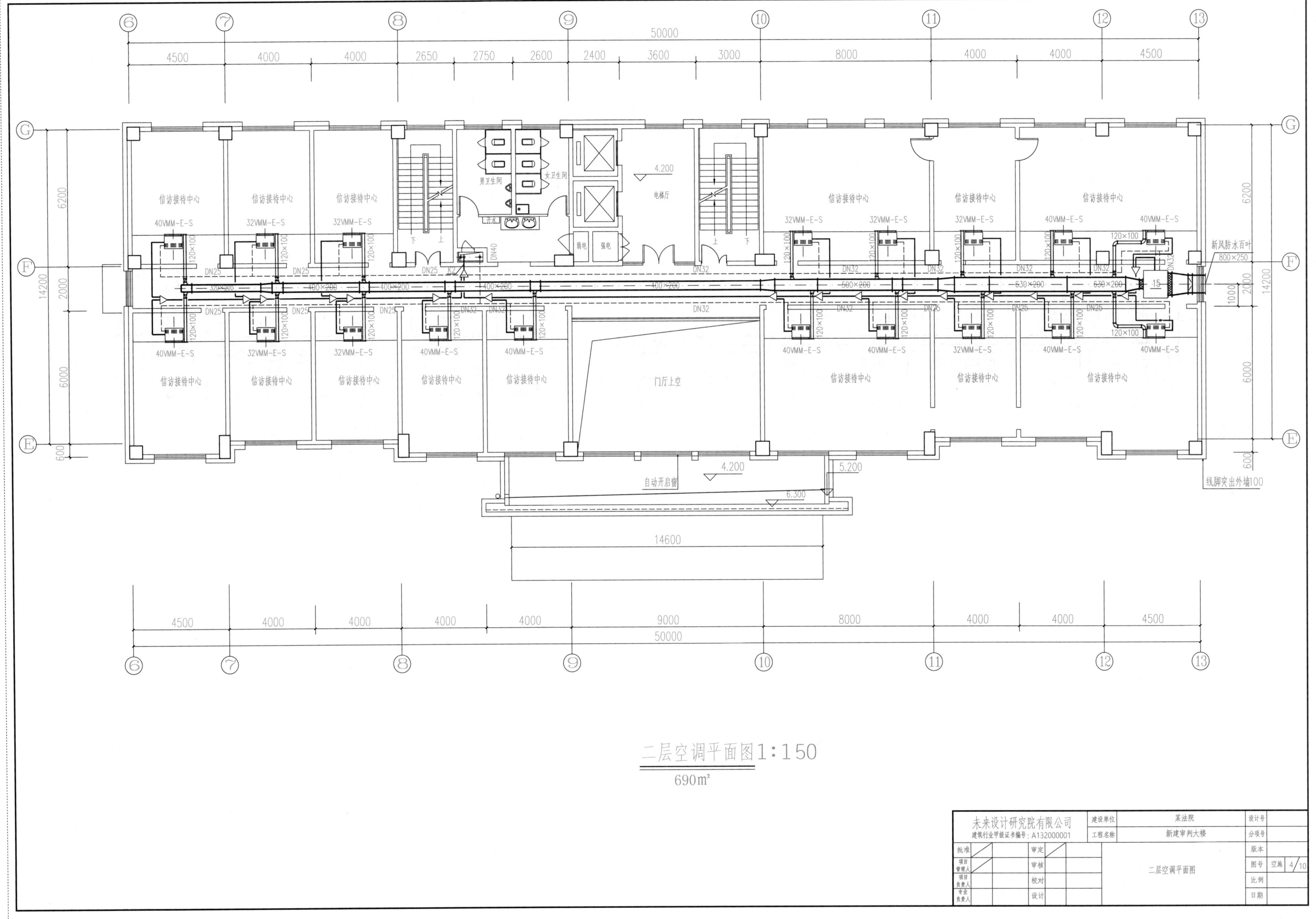
二层空调平面图1:150
690m²
未来设计研究院有限公司
建设单位 某法院
工程名称 新建审判大楼
二层空调平面图

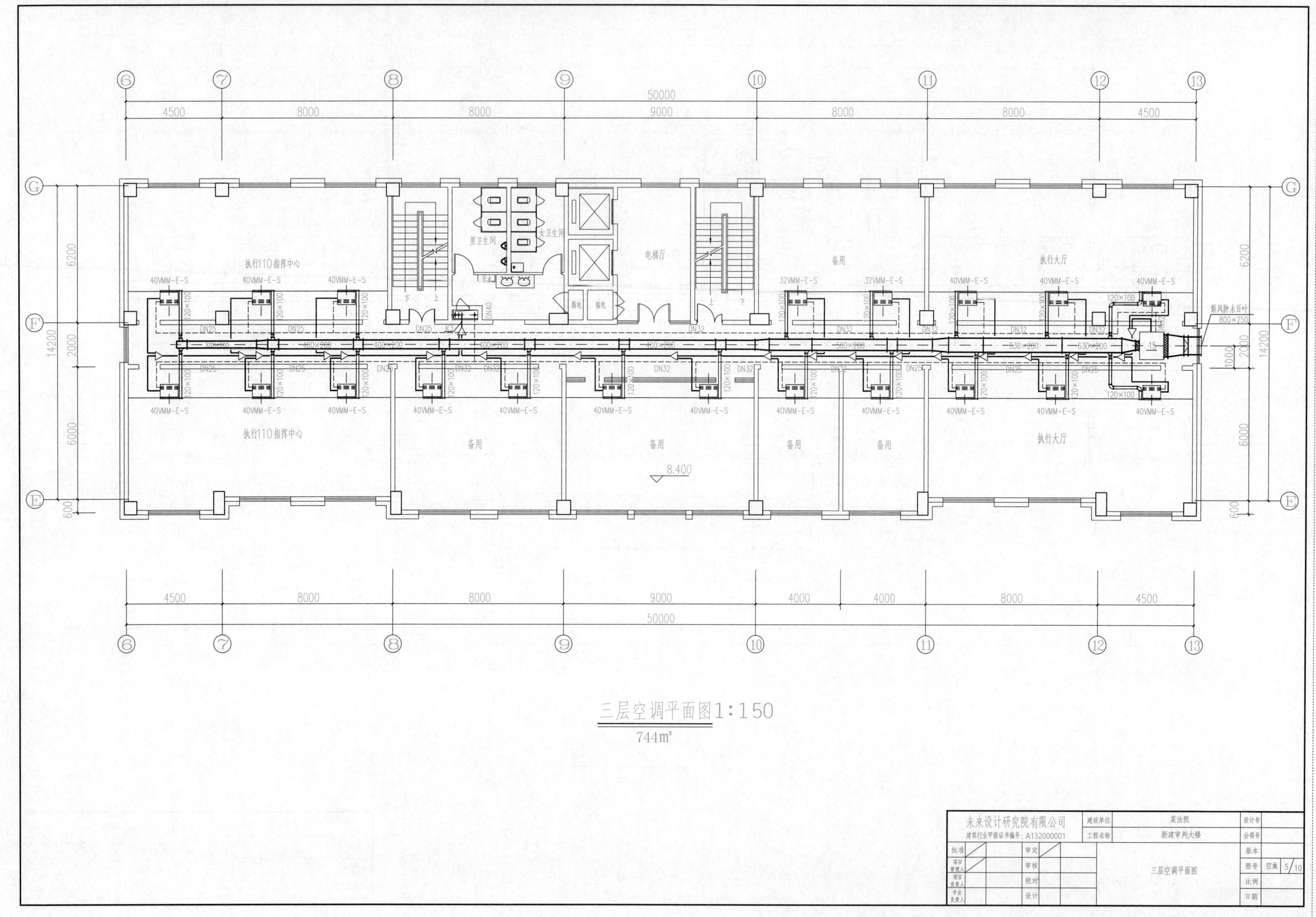
50000
4500
8000
8000
9000
8000
8000
4500
4000
4000
6200
2000
14200
6000
600
1000
执行110指挥中心
男卫生间
女卫生间
电梯厅
备用
执行大厅
弱电
强电
40VMM-E-S
32VMM-E-S
120×100
DN25
DN32
DN40
400×200
500×200
630×200
新风防水百叶
800×250
8.400
三层空调平面图1:150
744m²
未来设计研究院有限公司
建筑行业甲级证书编号：A132000001
建设单位
某法院
工程名称
新建审判大楼
设计号
分项号
版本
图号
空施
5/10
比例
日期
批准
项目管理人
项目负责人
专业负责人
审定
审核
校对
设计
三层空调平面图

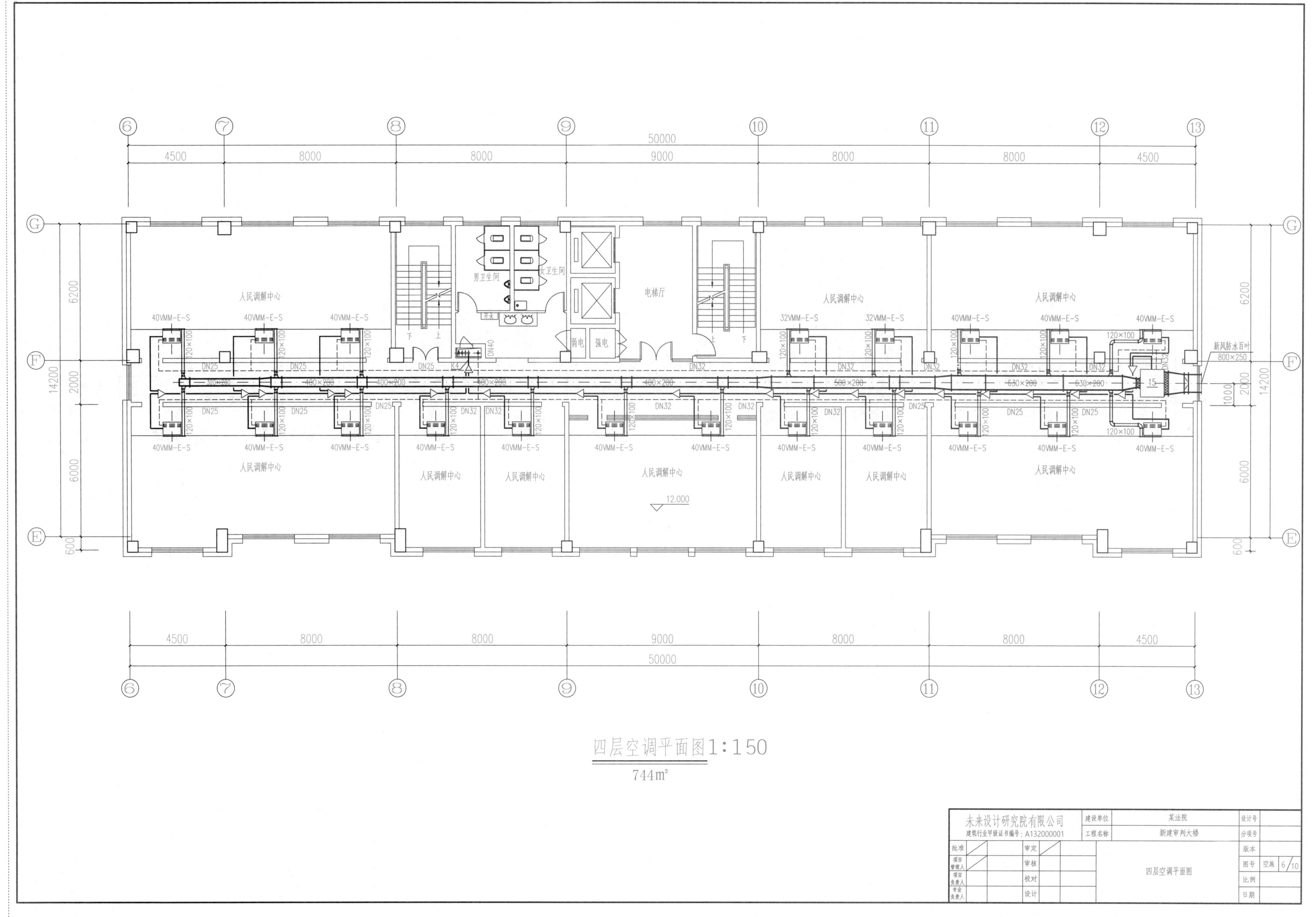
人民调解中心
男卫生间
女卫生间
电梯厅
弱电
强电
新风防水百叶
800×250
12.000
四层空调平面图1:150
744m²
未来设计研究院有限公司
建设单位
某法院
工程名称
新建审判大楼
四层空调平面图
图号
空施
6/10

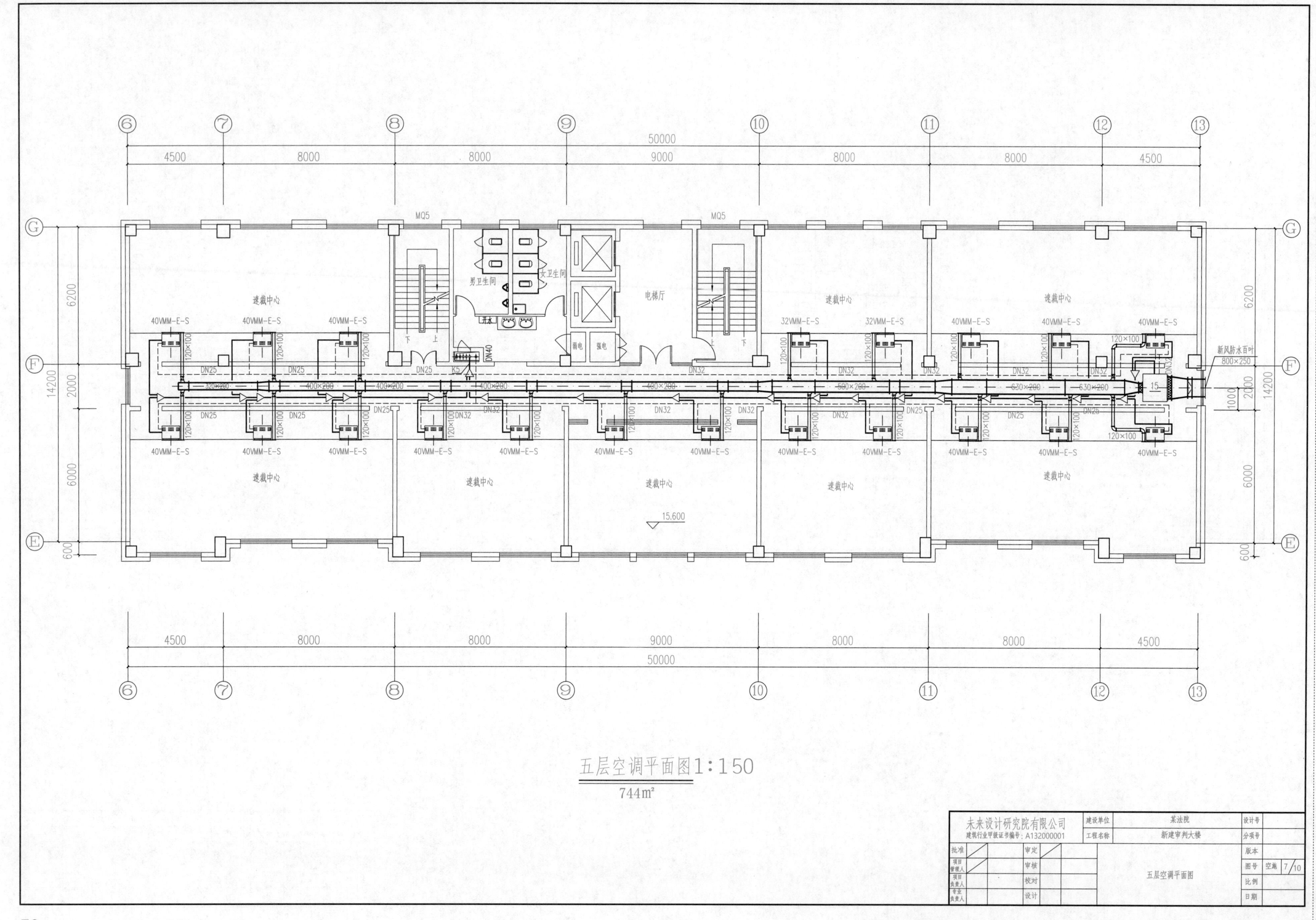

50000
4500
8000
8000
9000
8000
8000
4500
MQ5
MQ5
男卫生间
女卫生间
电梯厅
弱电
强电
速裁中心
40VMM-E-S
32VMM-E-S
120×100
DN25
DN32
DN40
K5
320×200
400×200
560×200
630×200
新风防水百叶
800×250
15
6200
2000
6000
14200
1000
600
15.600
五层空调平面图1:150
744m²
未来设计研究院有限公司
建筑行业甲级证书编号：A132000001
建设单位
某法院
工程名称
新建审判大楼
设计号
分项号
版本
图号
空施
7/10
比例
日期
批准
审定
审核
校对
设计
五层空调平面图

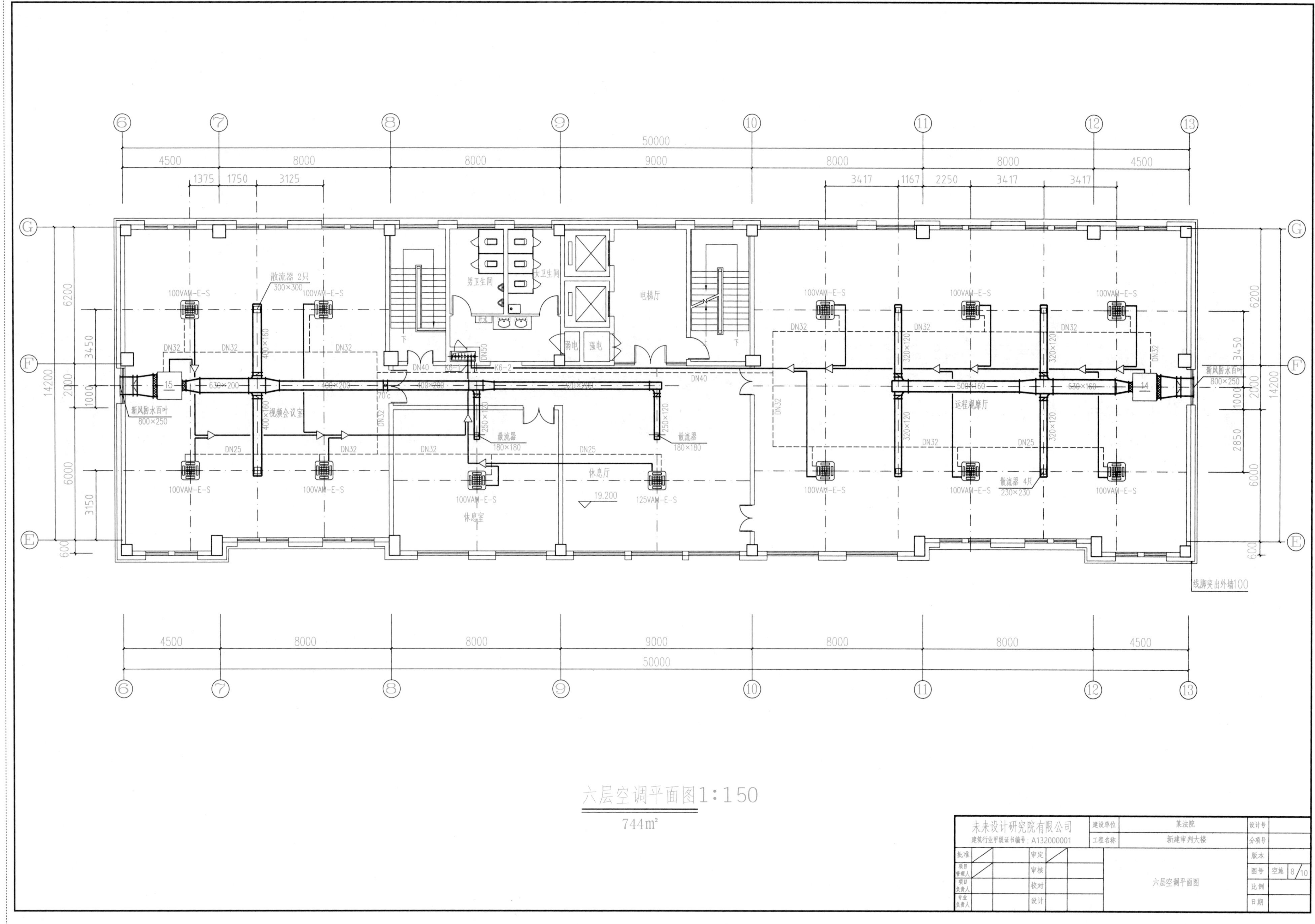

六层空调平面图1:150
744m²
视频会议室
运程观摩厅
休息厅
休息室
男卫生间
女卫生间
电梯厅
新风防水百叶 800×250
散流器 2只 300×300
散流器 4只 230×230
散流器 180×180
100VAM-E-S
125VAM-E-S
线脚突出外墙100
未来设计研究院有限公司
建筑行业甲级证书编号：A132000001
建设单位 某法院
工程名称 新建审判大楼
六层空调平面图
图号 空施 8/10

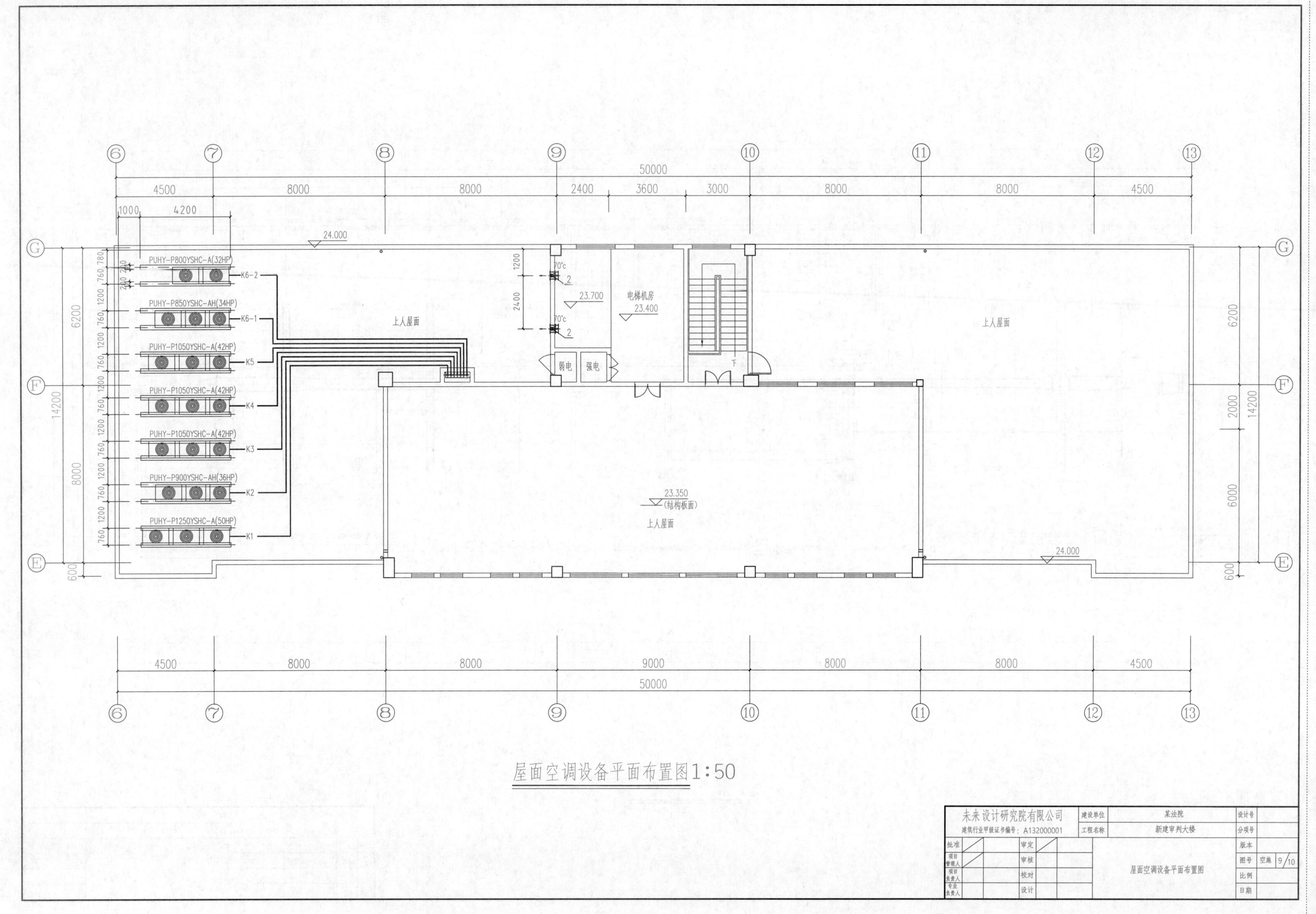
PUHY-P800YSHC-A(32HP)
K6-2
PUHY-P850YSHC-AH(34HP)
K6-1
PUHY-P1050YSHC-A(42HP)
K5
PUHY-P1050YSHC-A(42HP)
K4
PUHY-P1050YSHC-A(42HP)
K3
PUHY-P900YSHC-AH(36HP)
K2
PUHY-P1250YSHC-A(50HP)
K1
上人屋面
电梯机房
弱电
强电
23.350
(结构板面)
屋面空调设备平面布置图1:50
未来设计研究院有限公司
建筑行业甲级证书编号：A132000001
建设单位
某法院
工程名称
新建审判大楼
屋面空调设备平面布置图
空施 9/10

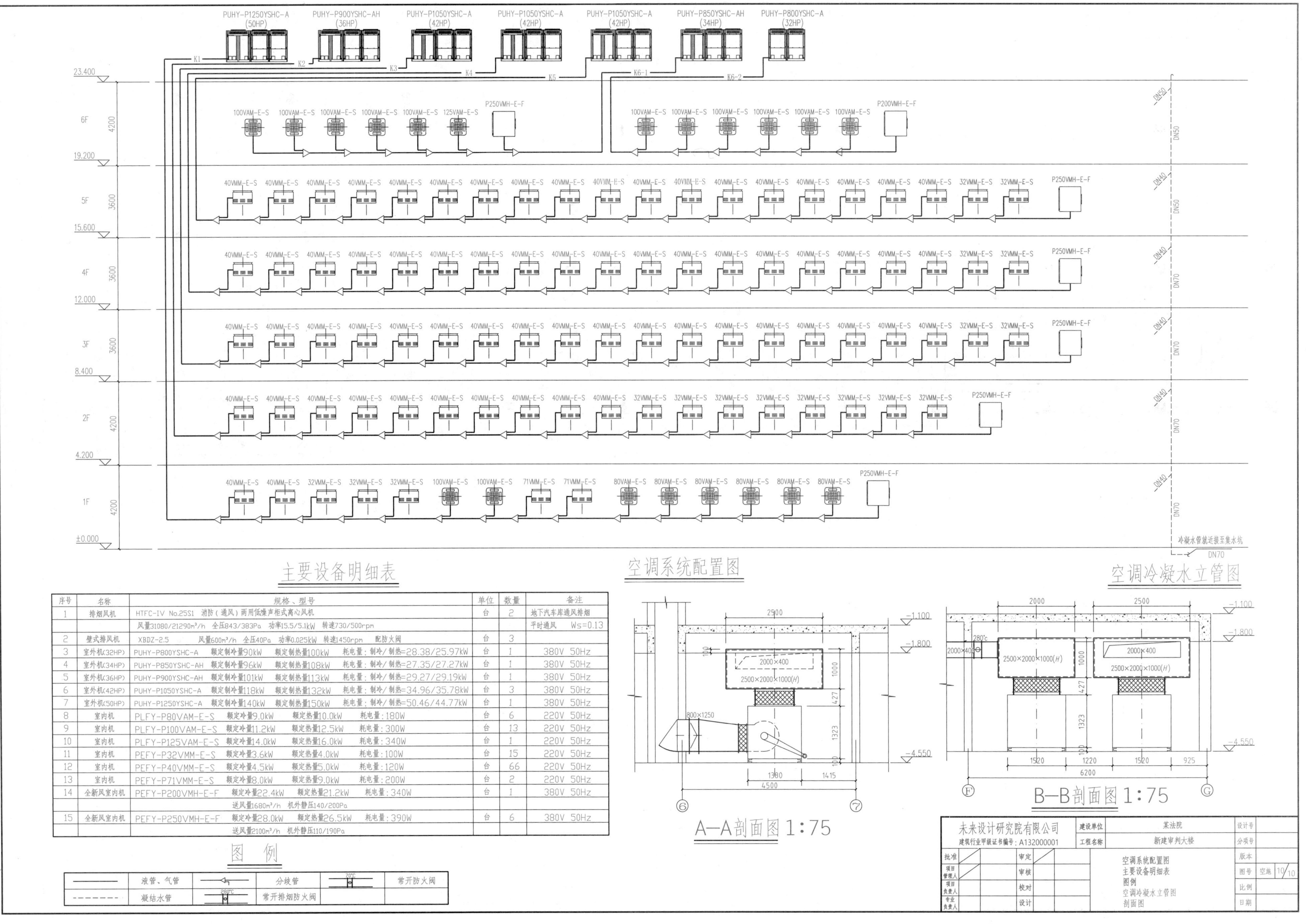

主要设备明细表

序号	名称	规格、型号	单位	数量	备注
1	排烟风机	HTFC-IV No.25S1 消防（通风）两用低噪声柜式离心风机	台	2	地下汽车库通风排烟
		风量31080/21290m³/h 全压843/383Pa 功率15.5/5.1kW 转速730/500rpm			平时通风 Ws=0.13
2	壁式排风机	XBDZ-2.5 风量600m³/h 全压40Pa 功率0.025kW 转速1450rpm 配防火阀	台	3	
3	室外机(32HP)	PUHY-P800YSHC-A 额定制冷量90kW 额定制热量100kW 耗电量：制冷/制热=28.38/25.97kW	台	1	380V 50Hz
4	室外机(34HP)	PUHY-P850YSHC-AH 额定制冷量96kW 额定制热量108kW 耗电量：制冷/制热=27.35/27.27kW	台	1	380V 50Hz
5	室外机(36HP)	PUHY-P900YSHC-AH 额定制冷量101kW 额定制热量113kW 耗电量：制冷/制热=29.27/29.19kW	台	1	380V 50Hz
6	室外机(42HP)	PUHY-P1050YSHC-A 额定制冷量118kW 额定制热量132kW 耗电量：制冷/制热=34.96/35.78kW	台	3	380V 50Hz
7	室外机(50HP)	PUHY-P1250YSHC-A 额定制冷量140kW 额定制热量150kW 耗电量：制冷/制热=50.46/44.77kW	台	1	380V 50Hz
8	室内机	PLFY-P80VAM-E-S 额定冷量9.0kW 额定热量10.0kW 耗电量：180W	台	6	220V 50Hz
9	室内机	PLFY-P100VAM-E-S 额定冷量11.2kW 额定热量12.5kW 耗电量：300W	台	13	220V 50Hz
10	室内机	PLFY-P125VAM-E-S 额定冷量14.0kW 额定热量16.0kW 耗电量：340W	台	1	220V 50Hz
11	室内机	PEFY-P32VMM-E-S 额定冷量3.6kW 额定热量4.0kW 耗电量：100W	台	15	220V 50Hz
12	室内机	PEFY-P40VMM-E-S 额定冷量4.5kW 额定热量5.0kW 耗电量：120W	台	66	220V 50Hz
13	室内机	PEFY-P71VMM-E-S 额定冷量8.0kW 额定热量9.0kW 耗电量：200W	台	2	220V 50Hz
14	全新风室内机	PEFY-P200VMH-E-F 额定冷量22.4kW 额定热量21.2kW 耗电量：340W	台	1	380V 50Hz
		送风量1680m³/h 机外静压140/200Pa			
15	全新风室内机	PEFY-P250VMH-E-F 额定冷量28.0kW 额定热量26.5kW 耗电量：390W	台	6	380V 50Hz
		送风量2100m³/h 机外静压110/190Pa			

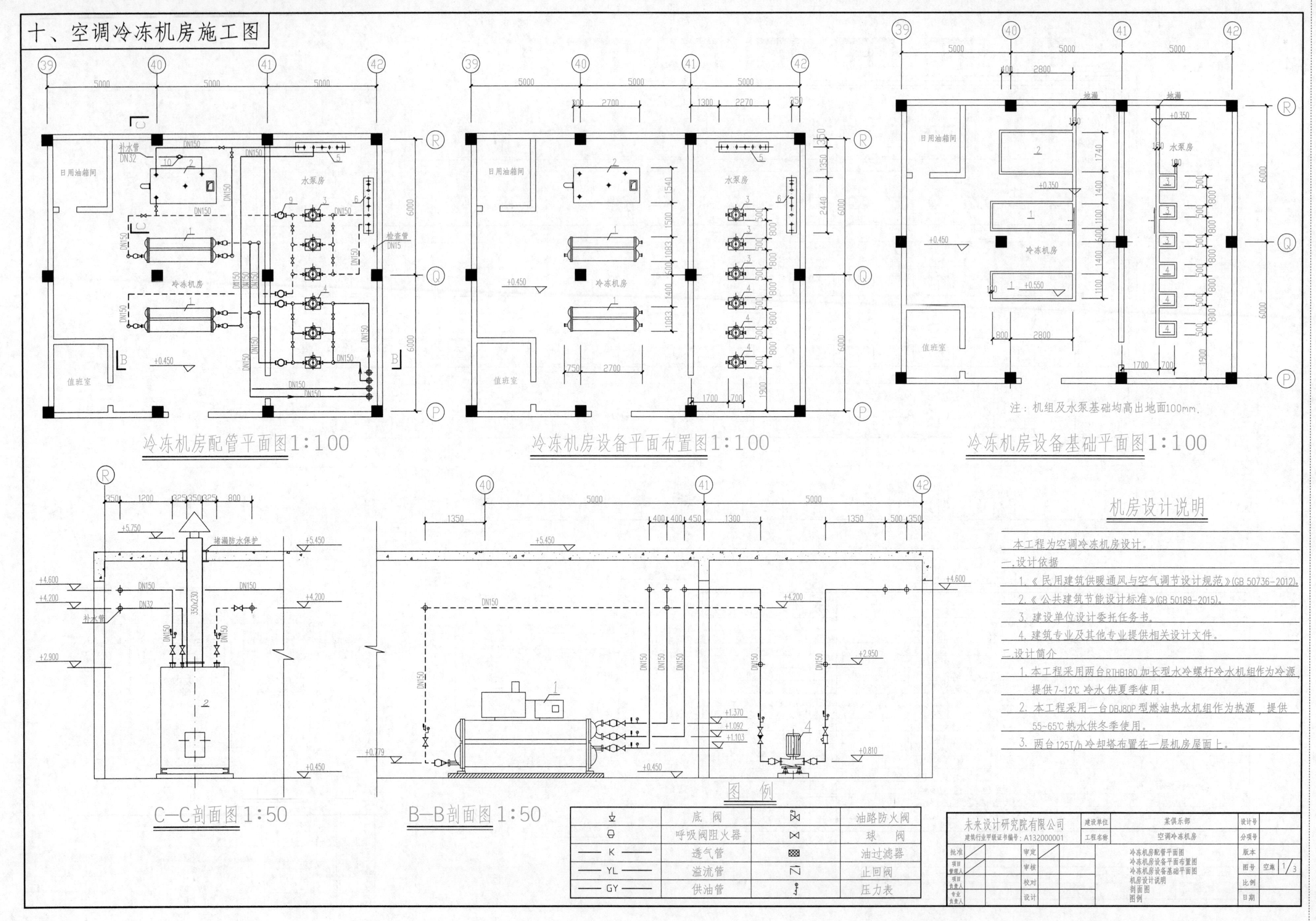
十、空调冷冻机房施工图
冷冻机房配管平面图1:100
冷冻机房设备平面布置图1:100
冷冻机房设备基础平面图1:100
日用油箱间
水泵房
冷冻机房
值班室
补水管
DN32
DN150
检查管
DN15
地漏
注：机组及水泵基础均高出地面100mm。
C—C剖面图1:50
B—B剖面图1:50
堵漏防水保护
机房设计说明
本工程为空调冷冻机房设计。
一.设计依据
1.《民用建筑供暖通风与空气调节设计规范》(GB 50736-2012)。
2.《公共建筑节能设计标准》(GB 50189-2015)。
3.建设单位设计委托任务书。
4.建筑专业及其他专业提供相关设计文件。
二.设计简介
1.本工程采用两台RTHB180加长型水冷螺杆冷水机组作为冷源，提供7~12℃冷水供夏季使用。
2.本工程采用一台DBJ80P型燃油热水机组作为热源，提供55~65℃热水供冬季使用。
3.两台125T/h冷却塔布置在一层机房屋面上。
图例
底阀
呼吸阀阻火器
K 透气管
YL 溢流管
GY 供油管
油路防火阀
球阀
油过滤器
止回阀
压力表
未来设计研究院有限公司
建筑行业甲级证书编号：A132000001
建设单位 某俱乐部
工程名称 空调冷冻机房
批准
项目管理人
项目负责人
专业负责人
审定
审核
校对
设计
冷冻机房配管平面图
冷冻机房设备平面布置图
冷冻机房设备基础平面图
机房设计说明
剖面图
图例
设计号
分项号
版本
图号 空施 1/3
比例
日期

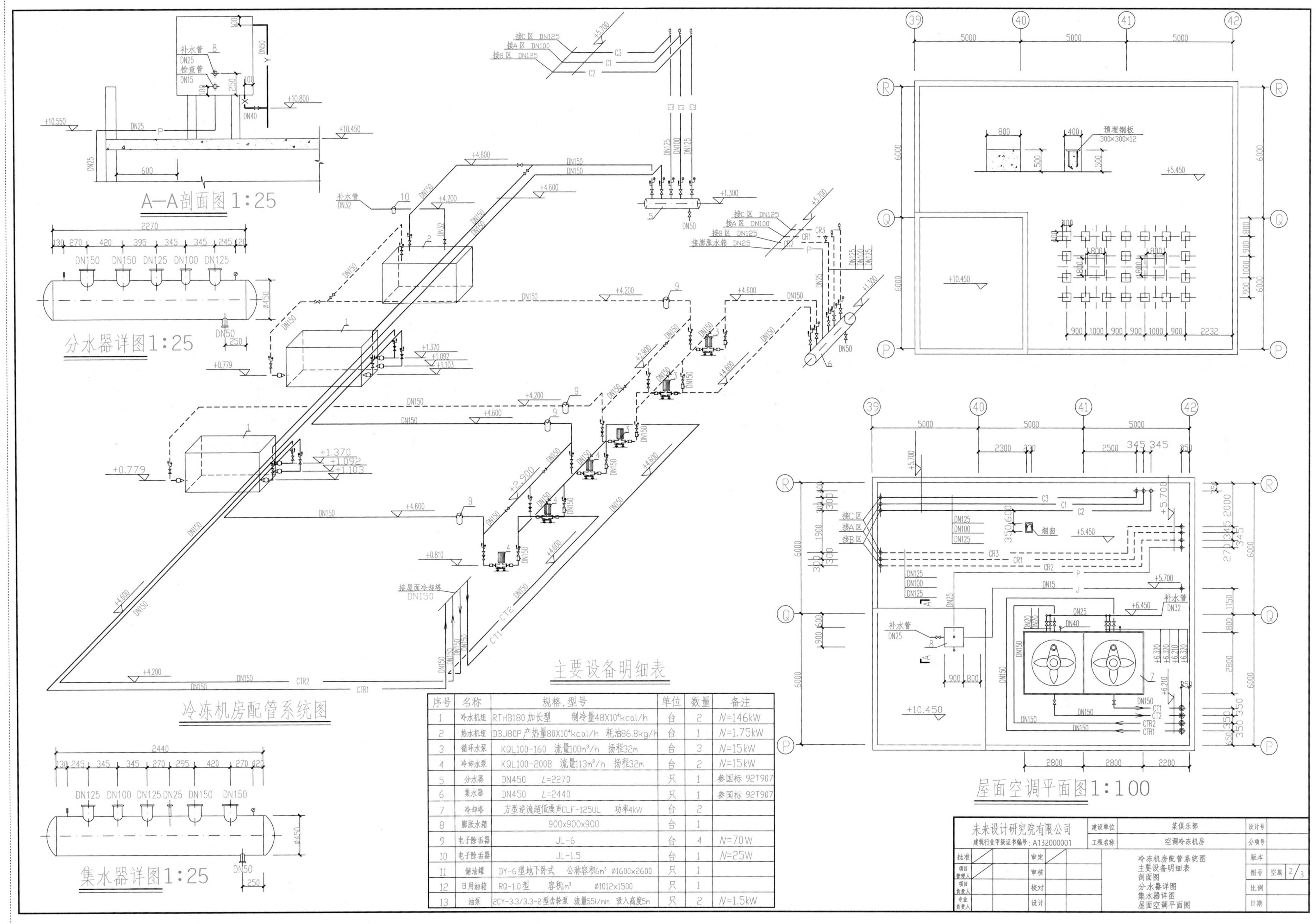

主要设备明细表

序号	名称	规格、型号	单位	数量	备注
1	冷水机组	RTHB180 加长型 制冷量48X10⁴kcal/h	台	2	N=146kW
2	热水机组	DBJ80P 产热量80X10⁴kcal/h 耗油86.8kg/h	台	1	N=1.75kW
3	循环水泵	KQL100-160 流量100m³/h 扬程32m	台	3	N=15kW
4	冷却水泵	KQL100-200B 流量113m³/h 扬程32m	台	2	N=15kW
5	分水器	DN450 L=2270	只	1	参国标 92T907
6	集水器	DN450 L=2440	只	1	参国标 92T907
7	冷却塔	方型逆流超低噪声CLF-125UL 功率4kW	台	2	
8	膨胀水箱	900x900x900	台	1	
9	电子除垢器	JL-6	台	4	N=70W
10	电子除垢器	JL-1.5	台	1	N=25W
11	储油罐	DY-6型地下卧式 公称容积6m³ ø1600x2600	只	1	
12	日用油箱	RQ-1.0型 容积1m³ ø1012x1500	只	1	
13	油泵	2CY-3.3/3.3-2型齿轮泵 流量55l/min 吸入高度5m	只	2	N=1.5kW

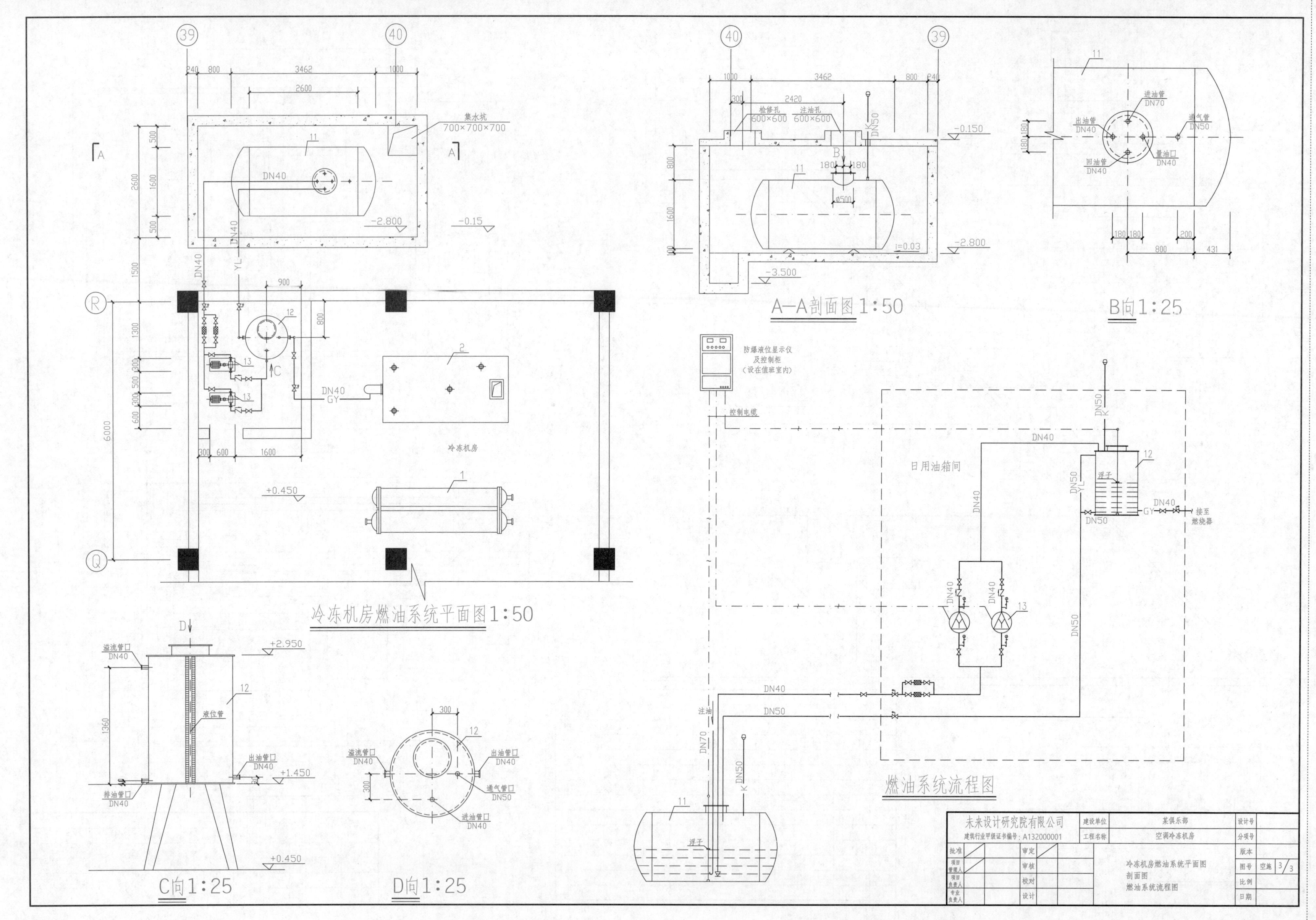

冷冻机房燃油系统平面图1:50
A—A剖面图1:50
B向1:25
C向1:25
D向1:25
燃油系统流程图
集水坑
700×700×700
冷冻机房
检修孔
600×600
注油孔
600×600
进油管
DN70
出油管
DN40
通气管
DN50
回油管
DN40
量油口
DN40
防爆液位显示仪
及控制柜
（设在值班室内）
控制电缆
日用油箱间
浮子
接至
燃烧器
注油
溢流管口
DN40
液位管
出油管口
DN40
排油管口
DN40
通气管口
DN50
进油管口
DN40
未来设计研究院有限公司
建筑行业甲级证书编号：A132000001
建设单位
某俱乐部
工程名称
空调冷冻机房
冷冻机房燃油系统平面图
剖面图
燃油系统流程图
批准
审定
审核
校对
设计
设计号
分项号
版本
图号
空施
3/3
比例
日期